EMISSÕES ATMOSFÉRICAS E MUDANÇAS CLIMÁTICAS

Freitas Bastos

Copyright © 2022 by Cleyton Martins da Silva e Graciela Arbilla

Todos os direitos reservados e protegidos pela Lei 9.610, de 19.2.1998.
É proibida a reprodução total ou parcial, por quaisquer meios, bem como a produção de apostilas, sem autorização prévia, por escrito, da Editora.
Direitos exclusivos da edição e distribuição em língua portuguesa:
Maria Augusta Delgado Livraria, Distribuidora e Editora

Editor: Isaac D. Abulafia

Diagramação e Capa: Madalena Araújo

Dados Internacionais de Catalogação na Publicação (CIP) de acordo com ISBD

S586e	Silva, Cleyton Martins da Emissões atmosféricas e mudanças climáticas / Cleyton Martins da Silva, Graciela Arbilla. - Rio de Janeiro, RJ : Freitas Bastos, 2022. 200 p. : 15,5cm x 23cm. ISBN: 978-65-5675-196-2 1. Meio ambiente. 2. Mudanças climáticas. 4. Emissões atmosféricas. I. Arbilla, Graciela. II. Título.
2022-2569	CDD 577 CDU 574

Elaborado por Vagner Rodolfo da Silva - CRB-8/9410

Índice para catálogo sistemático:
1. Meio ambiente 577
2. Meio ambiente 574

Freitas Bastos Editora

atendimento@freitasbastos.com
www.freitasbastos.com

EMISSÕES ATMOSFÉRICAS E MUDANÇAS CLIMÁTICAS

CLEYTON MARTINS DA SILVA

GRACIELA ARBILLA

Freitas Bastos Editora

SUMÁRIO

9 CAPÍTULO 1:
INTRODUÇÃO

13 CAPÍTULO 2:
A ATMOSFERA TERRESTRE

2.1 REGIÕES DA ATMOSFERA 17

2.2 COMPOSIÇÃO DA ATMOSFERA 21

2.3 CONDIÇÕES METEOROLÓGICAS E OUTRAS
INFLUÊNCIAS.. 22

29 CAPÍTULO 3:
POLUIÇÃO ATMOSFÉRICA

3.1 DEFINIÇÃO E HISTÓRICO............................. 29

3.2 TIPOS DE POLUIÇÃO ATMOSFÉRICA 38

3.3 ESCALAS DA POLUIÇÃO ATMOSFÉRICA.......... 40

43 CAPÍTULO 4:
IDENTIFICAÇÃO E CLASSIFICAÇÃO
DOS POLUENTES

4.1 POLUENTES QUANTO À SUA ORIGEM.............. 43

4.2 POLUENTES QUANTO AO SEU CONTROLE 45

4.3 TRANSFORMAÇÕES QUÍMICAS NA ATMOSFERA: OS PROCESSOS QUE CONTROLAM AS CONCENTRAÇÕES DE OZÔNIO 48

4.4 AS EVIDÊNCIAS EXPERIMENTAIS SOBRE O CONTROLE DAS CONCENTRAÇÕES DE OZÔNIO.... 54

4.5 DISTRIBUIÇÃO AMBIENTAL DE AEROSSÓIS PRIMÁRIOS E SECUNDÁRIOS............................ 57

4.6 AEROSSÓIS ATMOSFÉRICOS ORGÂNICOS.............. 61

4.7 AS EVIDÊNCIAS EXPERIMENTAIS DO TRANSPORTE E ORIGEM DO MATERIAL PARTICULADO 63

69 CAPÍTULO 5:
FONTES

5.1 FONTES NATURAIS 69

5.2 FONTES ANTROPOGÊNICAS 74

5.3 FONTES DE POLUIÇÃO INDOOR 80

5.4 INVENTÁRIOS DE EMISSÕES.............................. 83

93 CAPÍTULO 6:
EFEITOS DA POLUIÇÃO SOBRE A SAÚDE E MEIO AMBIENTE

6.1 RECOMENDAÇÕES DA ORGANIZAÇÃO MUNDIAL DA SAÚDE E OS POLUENTES CLÁSSICOS (LEGISLADOS NO BRASIL)..................... 93

6.2 OUTROS DOCUMENTOS PUBLICADOS PELA ORGANIZAÇÃO MUNDIAL DA SAÚDE......................... 97

6.3 EFEITOS DO MATERIAL PARTICULADO SOBRE A SAÚDE DAS PESSOAS 100

6.4 EFEITOS DOS HIDROCARBONETOS POLICÍCLICOS AROMÁTICOS SOBRE A SAÚDE DAS PESSOAS 101

6.5 EFEITOS DA POLUIÇÃO DO AR SOBRE A SAÚDE DAS CRIANÇAS.. 103

6.6 EFEITOS DE POLUENTES SOBRE O MEIO AMBIENTE.. 107

6.7 POLUIÇÃO DO AR NA AGENDA 2030 (OBJETIVOS DE DESENVOLVIMENTO SUSTENTÁVEL) 109

115 CAPÍTULO 7:
MONITORAMENTO DA QUALIDADE DO AR

7.1 MÉTODOS DE MONITORAMENTO DOS POLUENTES LEGISLADOS (US EPA) 116

7.2 MÉTODOS DE MONITORAMENTO DOS POLUENTES LEGISLADOS NO BRASIL 117

7.3 IMPLANTAÇÃO DO MONITORAMENTO DOS POLUENTES LEGISLADOS NO BRASIL 121

7.4 MONITORAMENTO DE COMPOSTOS ORGÂNICOS TÓXICOS 127

7.5 MONITORAMENTO DE COMPOSTOS INORGÂNICOS... 139

7.6 EQUIPAMENTOS DE BAIXO CUSTO............................ 141

7.7 MONITORAMENTO INDOOR................................. 142

147 CAPÍTULO 8:
LEGISLAÇÃO

8.1 GUIAS DE QUALIDADE DO AR DA OMS 148

8.2 PADRÕES NACIONAIS DE QUALIDADE DO
AR NO BRASIL 149

8.3 PADRÕES DE QUALIDADE DO AR NO
ESTADO DE SÃO PAULO 155

161 CAPÍTULO 9:
EFEITO ESTUFA E
MUDANÇAS CLIMÁTICAS

9.1 GASES DO EFEITO ESTUFA (GEE) 163

9.1.1 Componentes traço 166

9.2 CONSEQUÊNCIAS DO AQUECIMENTO GLOBAL
E MUDANÇAS CLIMÁTICAS 180

9.3 AS MUDANÇAS CLIMÁTICAS COMO UMA
QUESTÃO GLOBAL 184

9.4 OPÇÕES PARA A MITIGAÇÃO DAS
MUDANÇAS CLIMÁTICAS 192

CAPÍTULO 1:

INTRODUÇÃO

O que é poluição do ar? O que torna uma substância um poluente atmosférico? Isso está relacionado com a depleção da camada do ozônio? E com as Mudanças Climáticas? Ao final, o ozônio é bom ou é ruim para a vida sobre a Terra? E os gases de Efeito Estufa?

Certamente você já se formulou perguntas como essas e, provavelmente, ficou confuso com muitas das informações que obteve.

O objetivo deste livro é discutir esses assuntos, achando conexões e diferenças, olhando para os detalhes dos processos diferentes que acontecem na atmosfera: emissões, transporte, deposição, reações químicas. Ao final dele você deverá compreender como a vida sobre a Terra, da forma que hoje a conhecemos, depende dos processos que acontecem na atmosfera e como as atividades humanas alteram, frequentemente de forma significativa e irreversível, o equilíbrio do planeta.

A atmosfera está formada basicamente por nitrogênio (N_2) e oxigênio (O_2), que representam 99% de sua composição em massa, e alguns gases traço, dos quais o argônio é o mais abundante. O vapor d'água está distribuído nas partes inferiores da troposfera em concentrações muito variáveis, dependendo da latitude e da época do ano. Os outros componentes da atmosfera se encontram em nível de traços, como o dióxido de carbono (CO_2) e o metano (CH_4) (em concentrações de ppmv), os compostos orgânicos voláteis (COV) e os óxidos de nitrogênio (em concentrações de ppbv) e o ozônio (O_3) que na troposfera se encontra em níveis de ppbv e a 25-30 km de altitude chega a 10 ppmv. São esses gases em concentrações tão pequenas que só podem ser determinadas usando métodos específicos e que discutiremos neste livro, que participam dos processos físicos e químicos mais importantes da atmosfera. São os processos químicos e físicos desses gases traço que determinam as características da atmosfera, o clima e a qualidade do ar.

É nos primeiros quilômetros da atmosfera (na troposfera) que são emitidos os *poluentes do ar*, aqueles compostos (gases e aerossóis) que podem afetar a saúde e o bem estar das espécies vivas e alterar as condições do meio ambiente, entre os quais se encontram os COV, os óxidos de nitrogênio (NO_x), o monóxido de carbono (CO), dióxido de enxofre (SO_2) e os aerossóis. Esses poluentes são transportados, se depositam e reagem, sendo influenciados pelos parâmetros meteorológicos e os fatores topográficos. É nessa camada da atmosfera que acontecem as reações químicas envolvendo os COV, os óxidos de nitrogênio e os radicais (principalmente os radicais hidroxila que se encontram em níveis de pptv) que formam os poluentes secundários, como o ozônio e o material particulado fino (com diâmetros menores que 2,5 μm). Na troposfera o ozônio pode ocasionar severos danos à saúde, especialmente ao sistema respiratório.

Já na estratosfera (15-50 km de altitude), os principais processos químicos são iniciados pela absorção de radiação ultravioleta e envolvem oxigênio molecular (O_2), átomos de oxigênio (O) e ozônio (O_3). É através da fotólise das moléculas de O_2 com radiação UV (que não atinge a superfície da Terra) que se formam os átomos de oxigênio que irão recombinar formando O_3. Esse é um processo fundamental para a vida sobre a Terra por dois motivos: o primeiro é que esse processo de formação de O_3 é exotérmico, liberando calor que aumenta a temperatura da estratosfera; o segundo é que o ozônio absorve a radiação ultravioleta no intervalo 240-290 nm, impedindo que chegue a superfície da Terra danificando a vida (desde os organismos unicelulares até as formas mais complexas). A depleção da camada de ozônio é um processo de origem antropogênico e está relacionada à emissão de alguns gases, especialmente os clorofluorcarbonos, que decompõem na estratosfera, por absorção de radiação ultravioleta, liberando átomos de cloro. Em determinadas condições ambientais, tal como acontecem na Antártica, na presença de nuvens polares estratosféricas e o vórtice polar durante o inverno, os átomos de cloro formam compostos que posteriormente, durante a primavera antártica, liberam cloro que reage com o ozônio causando o que foi chamado *buraco na camada* de ozônio, e que, na verdade, é a depleção das concentrações da coluna de ozônio em até 70%.

Finalmente, as *Mudanças Climáticas globais* estão relacionadas à emissão dos chamados gases de Efeito Estufa (principalmente CO_2, CH_4 e N_2O). Esses gases não são danosos para a saúde e, em concentrações consideradas normais para a superfície da Terra, mantêm o equilíbrio térmico do planeta. Porém, as concentrações desses compostos começaram a aumentar a partir do início da agricultura, e posteriormente com a Revolução Industrial, chegando aos níveis sem precedentes na segunda metade do século XX, levando a um desequilíbrio das condições ambientais e afetando todo o sistema climático.

Vemos assim que todos esses processos acontecem na atmosfera de formas diferentes e afetando o planeta de forma, também, diferente. Porém, podemos concluir que os motivos da poluição do ar, da depleção da camada de ozônio e das Mudanças Climáticas, mesmo sendo processos diferentes, estão vinculados à intervenção do homem sobre a Terra, especialmente a urbanização, globalização, industrialização, uso de combustíveis fósseis e produção de materiais (como fréons, plásticos, pesticidas, fertilizantes e minerais não-naturais) que alteram o planeta tanto (ou mais) que os processos geológicos.

Ao final deste livro, esperamos que você compreenda que o milagre da vida está nos pequenos detalhes. Podemos ficar algumas semanas sem ingerir alimentos, um par de dias sem beber água, mas não podemos ficar mais de um par de minutos sem respirar. Segundo a Organização Mundial da Saúde, a poluição do ar ambiente (externo) é responsável por aproximadamente 3,8 milhões de mortes prematuras por ano, mesmo que esses poluentes gasosos se encontram em níveis de ppbv (o ozônio, por exemplo) e os aerossóis em concentrações de μg m^{-3}. O aumento das concentrações dos gases de Efeito Estufa (mesmo dentro desses níveis de ppmv) poderá levar a um aumento sem precedentes da temperatura da Terra. Sim, os componentes mais importantes da atmosfera, desde o ponto de vista da vida, são os minoritários e são os processos relacionados a esses componentes que determinam os aspectos mais importantes da atmosfera. O essencial está nos detalhes.

Ao final deste livro esperamos que você se encante, como nós, com a magia desses pequenos detalhes e compreenda que está nas nossas mãos, como espécie, cuidar da atmosfera que rodeia o nosso planeta.

CAPÍTULO 2:
A ATMOSFERA TERRESTRE

A atmosfera terrestre pode ser vista como uma fina camada de gases, radiação e material particulado que envolve a Terra, cerca de 1% do raio do planeta, propiciando a existência da vida, seja pela sua composição e favorecimento dos processos biológicos, seja pelo balanço energético e manutenção da temperatura do planeta, ou ainda pela proteção contra impactos de meteoros ou outros tipos de fragmentos.

No entanto, nem sempre foi assim, a composição e características da atmosfera terrestre durante a evolução do planeta não eram iguais às que se conhecem atualmente. No início de sua formação, durante o período Hadaico (aproximadamente entre 4,5 e 4,4 bilhões de anos), a atmosfera era densa, quente, redutora e ácida, rica em hidrogênio, metano e amônia, composição esta, determinada com base nos fenômenos que lhe deram origem – gases remanescentes da nébula solar, gases resultantes de atividades vulcânicas e ainda de gases resultantes do impacto de cometas e outros corpos celestes, sendo inicialmente pobre em oxigênio e permanecendo assim durante longo tempo, e não sendo propícia para a existência de vida do planeta.

Após a evolução e interação dos sistemas terrestres, geosfera, atmosfera e hidrosfera, permitiu que fossem reunidas condições favoráveis ao aparecimento da vida, há pelo menos 3,8 bilhões de anos. E, posterior ao surgimento de vida, a composição química da atmosfera terrestre sofreu modificações consideráveis. O aumento no teor de oxigênio que hoje é um importante constituinte da atmosfera se deu por dois processos: a dissociação fotoquímica das moléculas de água e pela fotossíntese.

A interação da atmosfera com diferentes processos biológicos promove um estado muito distante do equilíbrio termodinâmico. Tais processos produzem não somente o oxigênio (obtido na fotossíntese), mas também gases reduzidos, como metano, monóxido de carbono e outros.

Compreendendo-se toda a sua evolução, a atual composição da atmosfera, sobretudo em suas camadas mais próximas à superfície, a ser discutida mais adiante, reúne condições de gases e concentrações destes ideais para a existência de formas de vida complexas, tais como os mamíferos e demais vertebrados.

Quanto ao balanço energético e manutenção da temperatura do planeta, a atmosfera desempenha papel fundamental. Sabe-se que quase toda a energia presente no planeta é advinda do Sol, emitida com uma distribuição aproximada da de um corpo negro a 6.000 K. Essa energia chega à superfície terrestre a partir da propagação da radiação eletromagnética, nas regiões ultravioleta, visível e infravermelha, sendo também dependente de fatores de climatologia espacial bem como de interações eletromagnéticas com constituintes da atmosfera da Terra.

Assim, em um modo geral, e devido à composição e propriedades físicas da atmosfera, o espectro da luz solar é alterado na medida em que atravessa a atmosfera, de forma que a maior parte da radiação se encontra no intervalo de comprimentos de onda 300-800 nm, visto que o oxigênio molecular e o ozônio absorvem quase a totalidade de radiação com comprimentos de onda < 290nm, e o vapor d'água absorve radiação no intervalo de 800-2.000 nm.

Cerca de 50% de toda essa luz incidida sobre a Terra consegue alcançar a superfície, onde é absorvida; outros 20%

são absorvidos por nuvens, vapor d'água, aerossóis, e gases como o ozônio (O_3) e oxigênio (O_2), e os outros 30% são refletidos de volta para o espaço por corpos refletores, como as nuvens e a neve, sem a ocorrência de qualquer absorção, de acordo com o diagrama simplificado, apresentado na Figura 2.1, onde o equilíbrio nos principais processos de radiação da Terra é representado.

Figura 2.1 Diagrama simplificado de balanço energético na Terra.

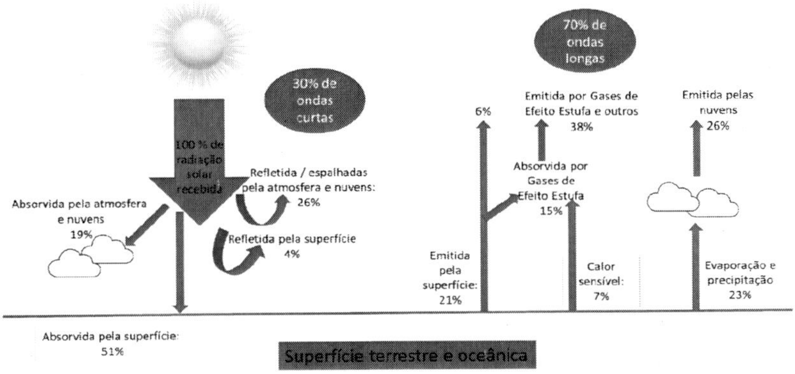

Fonte: Os autores

Como qualquer corpo aquecido, a superfície terrestre emite radiação (na forma de calor) na região do espectro chamada de infravermelho térmico. Parte dessa energia emitida pela superfície é absorvida por determinadas moléculas presentes na atmosfera, tais como o vapor d'água, CO_2, CH_4 e N_2O, permitindo condições de aprisionamento de radiação infravermelha, e a esta condição denomina-se Efeito Estufa, o que torna o planeta habitável. Este fenômeno é o responsável pela temperatura média na Terra ser de +15°C em vez de − 15°C, o que ocorreria se gases e moléculas que permitem este efeito não estivessem presentes na atmosfera terrestre.

Contudo, as emissões antropogênicas têm tido papel fundamental para a determinação da atual composição da atmosfera, e, consequentemente, no balanço energético e manutenção do calor.

É importante notar que, com exceção do oxigênio, os processos de absorção de radiação, são devidos principalmente aos gases minoritários (como O_3, CO_2, CH_4, N_2O e H_2O) de forma que alterações nas suas concentrações, mesmo não mudando significativamente a composição global da atmosfera, têm efeitos relevantes no equilíbrio físico-químico da atmosfera.

Estas emissões têm aumentado desde a era pré-industrial, impulsionadas em grande parte pelo crescimento econômico e populacional. Compostos considerados como minoritários na composição da atmosfera, tais como o CO_2, CH_4 e N_2O (principais responsáveis pela ocorrência do Efeito Estufa) se encontram em concentrações sem precedentes em pelo menos os últimos 800.000 anos. Seus efeitos, juntamente com outras emissões antrópicas, afetaram todo o sistema climático, e são provavelmente a causa dominante do aquecimento observado desde meados do século XX.

Na década de 1980, o biólogo Eugene F. Stoemer começou utilizar o termo Antropoceno ao se referir às mudanças no planeta ocasionadas pelo homem. Mas só foi formalizado em 2000, numa publicação conjunta com o Prêmio Nobel de Química (1995), Paul Crutzen, na *Newsletter* do *International Geosphere – Biosphere Programme* (IGBP). Nessa comunicação, os autores propõem o uso do termo Antropoceno para a época geológica atual, para enfatizar o papel central do homem na geologia e ecologia, e o início dessa época nos finais do século XVIII. Finalmente, em 2002, em uma publicação da revista *Nature*, Crutzen discutiu esse conceito em forma mais aprofundada mostrando que as atividades humanas atuam em conjunto com as influências geológicas. Assim, o homem se destaca como uma força capaz de interferir diretamente no planeta, inclusive na composição da atmosfera e suas propriedades.

A atmosfera ainda possui interações com diversas outras variáveis – geoquímicas, meteorológicas etc. – o que a torna uma matriz complexa, promovendo assim cenários únicos e de difícil caracterização ambiental.

2.1 REGIÕES DA ATMOSFERA

A atmosfera pode ser dividida em camadas, que estão relacionadas com propriedades químicas e físicas, mas que influenciam diretamente na tendência de mudança de temperatura de acordo com a altitude.

Estas camadas são ilustradas na Figura 2.2, assim como suas respectivas temperaturas.

Figura 2.2 Esquema da estrutura vertical média da atmosfera.

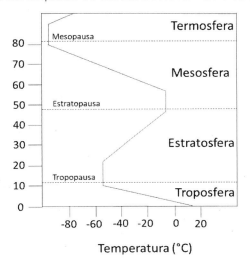

Fonte: Os autores

As camadas representadas na Figura 2.2 possuem diferentes características quanto composição e condições cinéticas e termodinâmicas.

Muito embora se estime que a atmosfera tenha cerca de 1.000 km de espessura, 85% e 95% de sua composição mássica estão concentradas até aproximadamente, 15 e 50 km da superfície, respectivamente. Infere-se então, que à medida que vai se aumentando a altitude, o ar tende a ficar rarefeito e que acabe perdendo a sua homogeneidade. Note-se que a composição relativa (% em massa) se mantém aproximadamente constante ao longo de toda a atmosfera, porém o número de partículas por unidade de volume e, portanto, a massa diminui com a altitude.

A primeira camada é denominada troposfera (esfera agitada). É a zona onde ocorrem os fenômenos climáticos – chuvas, ventos, relâmpagos e turbulência atmosférica – e se encontra em até 15 km da superfície. Esta camada que está diretamente em contato com a superfície, contém cerca de 85% de toda a massa da atmosfera.

A troposfera é caracterizada pela diminuição da temperatura à medida que a altitude aumenta, a uma taxa média de aproximadamente 6,5°C km^{-1}, isso porque sua densidade diminui com a altura, permitindo que o ar ascendente se expanda, e assim resfrie. Também há um aumento na distância da superfície da Terra, onde a transferência turbulenta de calor aquece de forma mais facilitada a parte mais inferior da atmosfera.

Em aproximadamente 15 km de altitude, onde a temperatura se encontra a cerca de – 55°C, tem-se a tropopausa, onde a água atmosférica é congelada evitando perda do elemento hidrogênio da Terra para o espaço sideral. Esta seria uma região de transição entre a troposfera e a estratosfera.

Desta forma, logo após a tropopausa, entre 15 e 50 km, encontra-se a estratosfera, onde há um aumento da temperatura com a altitude, devido à emissão de energia em excesso produzida nas reações de recombinação (principalmente $O + O_2$) e na estabilização colisional dos átomos de oxigênio excitados formados na decomposição fotoquímica do ozônio.

Esta camada representa cerca de 10% da massa da atmosfera. O ozônio é o componente traço mais abundante na estratosfera e atinge sua concentração máxima (aproximadamente 10 ppmv) entre 20 e 30 km. Aproximadamente 90% de todo o ozônio da atmosfera terrestre está na estratosfera e constitui a chamada camada de ozônio que absorve praticamente toda a radiação ultravioleta no intervalo 290-320 nm (radiação ultravioleta do tipo B ou UV-B). A exposição a este tipo de radiação está associada a riscos à saúde humana, tais como danos à visão, envelhecimento precoce, supressão do sistema imunológico e desenvolvimento de câncer de pele.

A quantidade total de ozônio, desde o topo da atmosfera até a superfície, é chamada de coluna integrada de ozônio e é medida em unidades Dobson (DU). Um DU é o número de moléculas requeridas para criar uma camada de 0,01 mm de espessura a 0°C e 1 atm. A concentração da camada de ozônio varia de 290 a 310 DU, de forma que, se hipoteticamente todo o ozônio fosse colocado de modo concentrado sobre a superfície da Terra, teria uma espessura de apenas 3 mm. Mesmo assim, a importância do ozônio para a vida sobre a Terra é fundamental.

Outros danos também são percebidos ao meio ambiente quando há exposição de animais e outros seres vivos à radiação UV-B, por exemplo, o prejuízo causado ao desenvolvimento de espécies aquáticas (peixes e crustáceos) e metabolismo dos fitoplânctons, resultando em danos à cadeia alimentar aquática e, consequentemente, desequilíbrios ambientais de diversas ordens.

Aos 50 km encontra-se a estratopausa, nesta, a temperatura atinge aproximadamente 0°C.

Após os 50 km e até aproximadamente 85 km, a temperatura volta a diminuir, sendo esta camada denominada mesosfera, isso devido à redução da concentração de espécies capazes de promover a absorção de energia UV, tais como o ozônio.

Em cerca de 85 km de altitude localiza-se a mesopausa, onde a temperatura chega a atingir – 100°C.

Entre os 85 e 400 km, a temperatura aumenta com a altitude, e esta camada recebe o nome de termosfera. Nesta camada aparecem espécies iônicas e atômicas, e a temperatura aumenta, a cerca de 1.000°C, como consequência da absorção de radiação ultravioleta extrema pelo oxigênio molecular e atômico. A interação desta camada com o vento solar, gera as chamadas auroras Boreal e Austral (Figura 2.3), particularmente nas zonas de latitude dos polos magnéticos da Terra.

Figura 2.3 Aurora Boreal.

Fonte: J. H. Bilbert por Pixabay, 2022

A ATMOSFERA TERRESTRE **21**

Encontra-se posicionado entre 300 e 500 km, a termopausa e dependendo da atividade solar os valores de temperatura chegam acima de 700°C.

Após essa camada, tem-se a exosfera, que é a camada de transição com o espaço exterior, nesta os valores de temperatura não sofrem variações significativas.

2.2 COMPOSIÇÃO DA ATMOSFERA

Apesar de 95% da massa da atmosfera estar nos primeiros 50 km, sua composição (% em massa) se mantém aproximadamente constante até aproximadamente os 100 km de altitude (homosfera), sendo de 78% de N_2, 21% de O_2 e 1% de outras substâncias e H_2O em quantidade variável. As maiores variações relativas (% em massa) são do vapor d'água, que se encontra predominantemente na troposfera, e do ozônio que atinge seu máximo na estratosfera. Após esta altitude, a atmosfera torna-se extremamente rarefeita e é constituída principalmente por N_2, O, O_2, H_2 e He. A composição de outros constituintes minoritários, como H_2O, CO_2 e O_3, varia com a altitude e também de ponto para ponto na superfície.

Ainda podem-se encontrar outros constituintes minoritários (na ordem de ppbv – parte por bilhão em volume e pptv – parte por trilhão em volume) devidos às atividades humanas, ou a processos naturais, tais como os compostos orgânicos voláteis.

Na atmosfera não há apenas moléculas gasosas. Há também partículas sólidas e líquidas, que mesmo em baixas concentrações, são de extrema importância para a química atmosférica.

Nos últimos 200 anos houve crescimento considerável dos compostos minoritários na atmosfera terrestre. Portanto, a preocupação com as mudanças químicas que ocorrem na atmosfera deve ser centrada não nos compostos majoritários (N_2 ou O_2), mas sim nos minoritários (principalmente naqueles de origem antropogênica) e que possam implicar na qualidade do ar, bem como nas trocas energéticas que ocorrem neste meio.

2.3 CONDIÇÕES METEOROLÓGICAS E OUTRAS INFLUÊNCIAS

Condições meteorológicas são responsáveis pela dinâmica da atmosfera, assim, podem exercer influência direta sobre a qualidade do ar, pois são responsáveis pelo transporte e características de mistura dos poluentes, relacionadas com a dispersão e/ou deposição no solo dos mesmos.

Cenários com emissões de poluentes idênticas, mas com situações meteorológicas distintas, poderão levar a concentrações atmosféricas completamente diferentes, devido à influência das condições da atmosfera. O regime dos ventos, a umidade do ar, a radiação solar, a temperatura ambiente, a opacidade, a estabilidade atmosférica, a altura da camada de mistura e a ocorrência de chuvas são alguns fatores climáticos locais que podem interferir no tempo de permanência e na reatividade dos poluentes na atmosfera. A circulação geral da atmosfera também interfere na dispersão, uma vez que a movimentação das grandes massas de ar afeta a circulação local. O perfil de temperatura vertical que se forma, também influencia diretamente a dispersão dos poluentes.

Como já citado, o perfil de variação da temperatura na troposfera é em geral uma diminuição da mesma com o aumento da altitude. Entretanto nas camadas inferiores da atmosfera, a temperatura pode aumentar com a variação da altitude devido ao movimento das massas de ar ou pelo tipo de incidência dos raios solares sobre a Terra. Tal fenômeno é conhecido como inversão térmica. Sob condições deste fenômeno, ocorre normalmente o resfriamento radiativo do solo, isto é, a superfície do solo perde energia radiante para o espaço a uma taxa maior do que recebe, caracterizando, assim, um saldo negativo de radiação à superfície. Tal fenômeno é observado de forma mais intensa durante as noites de céu limpo, e raramente durante o dia.

A estabilidade atmosférica é que determina a capacidade do poluente de se expandir verticalmente. Em situações estáveis na atmosfera, cria-se uma barreira ao deslocamento vertical dos poluentes. Desta forma, quando ocorre o fenômeno da inversão térmica, a capacidade de dispersão fica bem limitada e assim, os poluentes que estão presentes no ar e mais próximos do solo ficam estagnados.

Em geral, temperaturas mais elevadas conduzem à formação de movimentos verticais ascendentes mais pronunciados, convecção, gerando um eficiente arrastamento dos poluentes localizados dos níveis mais baixos para os níveis mais elevados. Por outro lado, temperaturas mais baixas não levam aos movimentos verticais termicamente induzidos, o que ocasiona a manutenção de poluentes atmosféricos em níveis mais baixos.

Quanto aos fenômenos de transporte e dispersão de poluentes, estes são dados pelos movimentos de massas de ar. O vento é uma grandeza vetorial e como tal, apresenta 3 componentes (x, y, z) sendo que a sua resultante determina a direção do vento em cada instante. A componente vertical do vento (z) é responsável pela turbulência, enquanto as outras componentes determinam essencialmente o transporte e a diluição das plumas de poluição. A velocidade do vento varia de acordo com a altitude, podendo influenciar a dispersão dos poluentes.

Em momentos de calmaria, quando a velocidade do vento é baixa, tem-se uma estagnação, e a dispersão e transporte de poluentes torna-se um processo muito vagaroso, propiciando um aumento na concentração local de poluentes.

A ação do vento sofre grande influência de efeitos locais (relevo, rugosidade e outros obstáculos, tais como vegetação e edificações) que podem influenciar o deslocamento horizontal do ar. Desta forma, a ação do vento como fenômeno dispersante e de transporte de poluentes fica deficiente em áreas urbanas, onde construções e edifícios impedem o seu sucesso, ou em cidades com maciços montanhosos que constituem barreiras naturais a circulação do ar.

Aos anticiclones, estão associadas a condições de grande estabilidade com pouca mistura vertical e, portanto, fraca dispersão dos poluentes. Já ao aproximar-se de um sistema de baixa pressão, ou ciclones, ocorrem condições de instabilidade e de grande turbulência favorecendo a dispersão dos poluentes.

Outro fator importante na qualidade do ar é a chuva, sendo um importante agente de autodepuração da atmosfera, principalmente em relação às partículas presentes nesta e aos gases solúveis ou reativos com a água.

A radiação solar se torna um importante fator na formação e consumo de diversos compostos atmosféricos. Os principais oxidantes atmosféricos (radical hidroxila, ozônio e NO_3) são formados em processos iniciados fotoquimicamente. Paralelamente, diversos compostos atmosféricos importantes, como ozônio, radical NO_3, NO_2, ácido nítrico, ácido nitroso e aldeídos experimentam processos de fotodecomposição.

Portanto, ao se estudar as emissões atmosféricas e seus impactos sobre a qualidade do ar, devem ser levados em consideração não apenas os processos químicos, mas também as variáveis meteorológicas e os fatores topográficos.

REFERÊNCIAS BIBLIOGRÁFICAS DESTE CAPÍTULO

ALVIM, D. S. *Estudo dos Principais Precursores de Ozônio na Região Metropolitana de São Paulo.* 2013. Tese (Doutorado em Ciências na Área de Tecnologia Nuclear) – Instituto de Pesquisas Energéticas e Nucleares – Universidade de São Paulo, São Paulo, 2013.

ARTAXO, P. Uma era geológica em nosso planeta: o Antropoceno?. *Revista USP*, São Paulo. n. 103, p. 13-24, 2014.

BAIRD, C. *Química Ambiental.* 2. ed. Porto Alegre: Bookman, 2002.

BARRY, R. G.; CHORLEY, R. J. *Atmosfera, tempo e clima.* 9. ed. Porto Alegre: Bookman, 2009.

BERBERAN-SANTOS, M. N. M. S. *Composição Química e Estrutura da Atmosfera Terrestre.* Centro de Química-Física Molecular Instituto Superior Técnico. Lisboa, 2008.

BIBERT, J. H. 2022. Disponível em: https://pixabay.com/pt/photos/aurora-luzes-do-norte-589049/.

BRUM, D. R. *Estudo da Composição Química do Material Particulado Fino (MP$_{2,5}$) em Porto Alegre e Belo Horizonte.* Dissertação (Mestrado em Ciências Atmosféricas). Universidade de São Paulo, São Paulo, 2010.

CRUTZEN, P. J. Geology of mankind. *Nature*, v. 415, n. 6867, p. 23, 2002.

CRUTZEN, P. J.; STOERMER, E. F. The Anthropocene. *Global Change Newsletter*, n. 41-59, p. 17, 2000.

FERREIRA, S.; ALVES, M. I. C.; SIMÕES, P. P. Ambientes e Vida na Terra – Os Primeiros 4.0 Ga. *Estudos do Quaternário*, Porto, n. 5, p. 99-116, 2008.

FINLAYSSON-PITTS, B. J.; PITTS, J. N. *Chemistry of the Upper and Lower Atmosphere. Theory, Experiments and Applications.* Academic Press, 2000.

IPCC – Intergovernmental Panel on Climate Change. *Climate Change 2014: Synthesis Report. Contribution of Working Groups I, II and III to the Fifth Assessment Report of the Intergovernmental Panel on Climate Change*. Switzerland. 2014. Disponível em: http://www.ipcc.ch/report/ar5/syr/.

JARDIM, W. F. A evolução da atmosfera terrestre. *Cadernos Temáticos de Química Nova na Escola*, ed. especial, p. 5-8, maio 2001.

MARTINS, F. R.; PEREIRA, E. B.; ECHER, M. P. S. Levantamento dos recursos de energia solar no Brasil com o emprego de satélite geoestacionário – o Projeto Swera, 2003. *Revista Brasileira de Ensino de Física*, São Paulo, v. 26, n. 2, p. 145-159, 2004.

MOZETO, A. A. Química atmosférica: a química sobre nossas cabeças. *Cadernos Temáticos de Química Nova na Escola*, ed. especial, p. 41-49, 2001.

PIRES, D. O. *Inventário de Emissões Atmosféricas de Fontes Estacionárias e sua Contribuição para a Poluição do Ar na Região Metropolitana do Rio de Janeiro*. 2005. Dissertação (Mestrado em Ciências em Planejamento Energético) – Universidade Federal do Rio de Janeiro, 2005.

ROCHA, J. C.; ROSA, A. H.; CARDOSO, A. A. *Introdução à química ambiental*. 2. ed. Porto Alegre: Bookman, 2009.

SEINFELD, J. H.; PANDIS, S. P. *Atmospheric Chemistry and Physics: from air pollution to climate change*. 1. ed. New York, USA: John Wiley & Sons Inc., 1998.

SILVA, C. M. *Abordagem e Contextualização da Captura de CO_2 na Educação de Química para o Ensino Médio*. 2008. Monografia (Licenciatura em Química) – Universidade Federal do Rio de Janeiro, Rio de Janeiro, 2008.

SILVA, C. M., *Avaliação de Gases Efeito Estufa na cidade do Rio de Janeiro*. 2012. Dissertação (Mestrado em Química) – Universidade do Estado do Rio de Janeiro, Brasil, Rio de Janeiro, 2012.

SILVA, C. M.; ARBILLA, G. Antropoceno: Os Desafios de um Novo Mundo. *Revista Virtual de Química*, v. 10, p. 1619-1647, 2018.

SPIRO, T. G., STIGLIANI, W. M. (2009). *Química ambiental*. 2. ed. São Paulo: Pearson Prentice-Hall. 2009.

VAZ, J. L. L. *Estudo da Dispersão da Particulado na Atmosfera Considerando-se Meio Florestal e sua Topografia*. 2008. Tese (Doutorado em Ciências em Energia Nuclear) – Universidade Federal do Rio de Janeiro, Rio de Janeiro, 2008.

VIANELLO, R. L.; ALVES, A. R. *Meteorologia básica e aplicações*. Viçosa: Universidade Federal de Viçosa – Imprensa Universitária, 1991.

CAPÍTULO 3:
POLUIÇÃO ATMOSFÉRICA

3.1 DEFINIÇÃO E HISTÓRICO

À luz da Resolução CONAMA nº 491/2018, pode-se compreender como poluição atmosférica a emissão de

> "qualquer forma de matéria em quantidade, concentração, tempo ou outras características, que tornem ou possam tornar o ar impróprio ou nocivo à saúde, inconveniente ao bem-estar público, danoso aos materiais, à fauna e flora ou prejudicial à segurança, ao uso e gozo da propriedade ou às atividades normais da comunidade", como será mais bem discutido no Capítulo 4.

O nível de poluição atmosférica e, consequentemente, a qualidade do ar de uma determinada região está diretamente associada às emissões de poluentes atmosféricos. Em grandes centros urbanos tais emissões têm crescido a ponto de propiciar uma má qualidade atmosférica, que pode afetar à saúde das pessoas.

A Resolução CONAMA nº 491/2018 ainda define um episódio crítico de poluição do ar como uma *"situação caracterizada pela presença de altas concentrações de poluentes na atmosfera em curto período de tempo, resultante da ocorrência de condições meteorológicas desfavoráveis à dispersão dos mesmos"*.

Apesar de as preocupações voltadas para a qualidade do ar e seus efeitos sobre a saúde humana e meio ambiente terem se intensificado a partir da década de 1990, com um aumento de episódios de poluição atmosférica, outros grandes e importantes episódios de poluição atmosférica urbana marcaram a história da humanidade e urbanização das cidades.

Os primeiros registros quanto às apreensões acerca das emissões atmosféricas e da qualidade do ar se dão a partir do século XII com as observações do filósofo, médico e escritor Moses Maimonides (1135-1204).

> *"Comparar o ar das cidades com o ar dos desertos é como comparar águas salobras com águas cristalinas. Nas cidades, devido às construções, ruas estreitas, dejetos, aquecedores, o ar está se tornando estagnado, turvo, enevoado, ... Se não tivermos opções, em viver em lugares mais arejados, teremos que pensar no que acontecerá com nossa saúde e nossa psique..." (Moses Maimonides).*

Também nos séculos seguintes (XIII e XIV) as preocupações sobre a qualidade do ar já rodeavam os pensamentos da população, sobretudo na Inglaterra, com o aumento da queima de carvão em escalada, devido à escassez e alto valor de madeira para lenha, utilizada para o aquecimento, cocção de alimentos e atividades industriais de manufatura (em desenvolvimento).

Com o agravamento das emissões antrópicas, observava-se a grande quantidade de fumaça oriunda da queima do carvão, bem como alguns de seus impactos. Em 1661, o jornalista John Evelyn elaborou uma publicação intitulada *"Fumifungium: or the Inconvenience of the Aer and Smoake of London Dissipated"*.

"A fumaça repugnante que obscurece nossa Igreja e faz nossos palácios parecerem velhos, que deteriora nossos tecidos e corrompe as águas, precipita como vapor impuro e preto em chuva e orvalhos refrescantes que caem nas várias estações e, assim contamina qualquer lugar que a isto é exposto." (John Evelyn)

Com o desenvolvimento da Revolução Industrial, o crescimento da população e o aumento no uso de carvão mineral, observou-se a contínua deterioração da qualidade do ar, sobretudo nas grandes cidades, e, em especial, as cidades londrinas, que concentravam as maiores atividades industriais da época, resultando em registros de maiores quantidades de óbitos associados à qualidade do ar.

Episódios de *fog* intensos, associados à poluição atmosférica, resultaram em cerca de 500 mortes em Londres, em dezembro de 1873, e em fevereiro de 1880, morreram mais 2.000 pessoas.

Ao final do século XIX, as percepções acerca da qualidade do ar foram eternizadas pelo artista plástico impressionista Jean Claude Monet (1840-1926), que retratava Londres sob o efeito do nevoeiro (Figura 3.1).

Figura 3.1 Óleo do artista impressionista Jean Claude Monet retratando o Palácio de Westminster, sede do Parlamento britânico: *"Houses of Parliament, London, Sun Breaking Through the Fog"*, 1904.

Fonte: Claude Monet, 1904 (domínio público)

Em 1909, após um episódio de poluição atmosférica na cidade de Glasgow, o termo *smog* foi cunhado pelo médico Harold Antonie des Voeux, em alusão à contração das palavras *smoke* (fumaça) + *fog* (neblina), e desde então passou a ser utilizado para a denominação de fenômenos desta tipologia com a ocorrência de neblina ou nevoeiro associada à fumaça ou presença de determinados poluentes atmosféricos.

Com o avanço da industrialização em Londres e em outras cidades do mundo, passou-se a observar um maior número de episódios de poluição atmosférica.

Em 1930, no Vale de Meuse, na Bélgica, um evento de inversão térmica associado às emissões das atividades industriais locais (siderurgias e fábricas de produtos químicos) e às condições topográficas da região, resultou em 60 mortes e milhares de doentes, em um curto período de três dias (Figura 3.2).

Figura 3.2 "*Fog along the Meuse valley*".

Fonte: FIRKET, J. Fog along the Meuse valley. Transactions of the Faraday Society, v. 32, p. 1.192-1.196, 1936

Durante o verão norte-americano, em julho de 1943, foi registrado na cidade de Los Angeles, nos Estados Unidos da América (EUA), a primeira observação de um "*Big Fog*" fotoquímico, resultante da formação de ozônio formado fotoquimicamente a partir das emissões industriais e veiculares da região, com efeitos ambientais, tais como a redução da visibilidade atmosférica e danos sobre a vegetação local.

Em 1948, no distrito de Donora, no estado da Pensilvânia (EUA), um grande nevoeiro de cor amarelada se formou na região, permanecendo durante cinco dias, relacionado às atividades industriais de fundição de zinco, das plantas industriais da *America Steel & Wire Plant* e da *Donora Zinc Works*, com emissões de material particulado, SO_2, e outros gases, o que levou à morte 20 pessoas e problemas respiratórios a outras 6.000 pessoas.

Este evento foi potencializado pela ocorrência de um episódio de inversão térmica, o que resultou em uma concentração dos poluentes atmosféricos na região do vale.

Após o desastre de Donora, o presidente dos EUA à época, Harry Truman convocou a 1ª Conferência Técnica dos Estados Unidos sobre Poluição do Ar, reunindo 500 especialistas em maio de 1950.

Enquanto as discussões técnicas e políticas ocorriam em território norte-americano, novos e importantes episódios de poluição atmosférica ocorriam na Europa, em especial em Londres, com a intensificação da industrialização local e queima de carvão.

Em dezembro de 1952, devido a condições atmosféricas típicas da região para a época do ano (inverno) associadas às grandes emissões atmosféricas, a cidade de Londres experimentou um dos maiores e trágicos episódios de poluição atmosférica já registrados. O episódio ficou conhecido como *The Great Smog*, em que foram registrados elevados níveis de SO_2 e fumaça, associando-se diretamente ao grande número de mortes no período, que chegou a alcançar 900 mortes por dia (Figura 3.3).

Figura 3.3 A relação entre fumaça e poluição por dióxido de enxofre e mortes durante o *Great Smog* em Londres, dezembro de 1952.

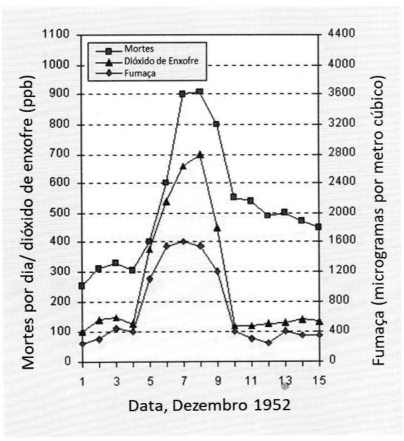

Fonte: Adaptada de Wilkis (1954)

Os primeiros relatórios reportados estimaram cerca de 4.000 mortes prematuras durante este episódio. Porém, seus efeitos persistiram, e as taxas de mortalidade permaneceram bem acima do normal, e muitos especialistas estimam que *The Great Smog* tirou ao menos 8.000 vidas, e talvez até 12.000. Além das mortes, os efeitos adversos do grande nevoeiro tóxico deixaram milhares de doentes e causaram grandes impactos à fauna local.

Os impactos advindos deste mega episódio de poluição chamaram a atenção dos poderes governamentais e ações controladoras começaram a ser desenvolvidas não somente na Inglaterra, mas em toda a Europa.

Em 1956, o Parlamento Britânico aprovou nova legislação para a regulação da emissão de poluentes e atribuiu às autoridades locais o controle das áreas de maior risco da ocorrência de acúmulo de fumaça preta emitida pelas chaminés das residências, obrigando a troca do sistema a carvão por eletricidade, gás ou óleo diesel. Para tanto, o governo forneceu os subsídios necessários para a mudança dos sistemas de calefação para esses tipos de combustível.

Apesar de todo esforço realizado e a tomada de ações pelo governo britânico, um novo episódio ocorreu na atmosfera londrina, também causado pelas emissões locais associadas a condições atmosféricas adversas, em 1962, onde foram confirmadas a presença de aerossóis contendo sais de sulfato e ácido sulfúrico. A este evento foram relacionadas 700 mortes e centenas de doentes.

Em ordem cronológica, e voltando ao território norte-americano, e posterior à 1ª Conferência Técnica dos Estados Unidos sobre Poluição do Ar (1950), o Congresso Americano, aprovou a 1ª lei nacional americana acerca da qualidade do ar, em 1963, no entanto, tais medidas não foram suficientes para evitar novos episódios de poluição.

Em novembro de 1966, na cidade de Nova York (EUA), observou-se entre os dias 24 e 30 deste mês, um aumento de 24 mortes por dia relacionadas à poluição atmosférica, além de um aumento na procura por atendimento médico, sobretudo por pessoas com sintomas respiratórios e cardíacos.

Assim, em continuidade à preocupação com a qualidade do ar e com outras questões ambientais, em 1970 foi criada a Agência de Proteção Ambiental dos Estados Unidos (US EPA).

Episódios de poluição atmosférica não ficaram restritos aos Estados Unidos e Europa. Em 1983, na cidade brasileira de Cubatão (SP), observou-se níveis de material particulado acima dos limites estabelecidos como emergência. Vale mencionar que a cidade de Cubatão está localizada em um vale na região da Serra do Mar, tendo passado por uma rápida industrialização a partir da década de 1950.

A grande quantidade de indústrias, com a emissão direta de poluentes na atmosfera em associação à topografia local, resultou em uma grande concentração de poluentes atmosféricos e a ocorrência de chuvas ácidas, levando ao comprometimento da saúde da população local e o nascimento de crianças com más-formações ou mortas, além de impactos diretos à vegetação e fauna local.

Outros episódios de poluição atmosférica em diversas outras cidades do mundo passaram a ser observados, impactando tanto a saúde da população quanto o meio ambiente, em um modo geral, mas também trazendo impactos à economia e desenvolvimento urbano, como foi o caso da capital chilena, Santiago do Chile, que em junho de 2008, teve o seu índice de qualidade do ar em um nível considerado "prejudicial" à saúde das pessoas, tendo sido decretado estado de emergência, implicando na suspensão das atividades de diversas indústrias da região e restrição na circulação de veículos, bem como a orientação de não prática de atividades físicas e desportivas ao ar livre.

Nota-se que os episódios de poluição atmosférica referem-se a situações específicas de altas concentrações de poluentes em um curto período, o que pode incorrer em efeitos adversos agudos, no entanto, vale destacar que a exposição crônica aos poluentes, ainda que em níveis menores, pode acarretar consequências de extrema gravidade tanto à saúde humana quanto ao meio ambiente.

3.2   TIPOS DE POLUIÇÃO ATMOSFÉRICA

Os diferentes episódios de poluição e suas respectivas características sugerem a classificação da poluição atmosférica em dois tipos, a do tipo Londres, referente aos episódios observados na cidade britânica e a do tipo Los Angeles, referente ao episódio de 1943, observado na cidade norte-americana.

Na poluição atmosférica tipo Londres, tem-se como principal poluente o dióxido de enxofre, oriundo principalmente da queima de carvão mineral (típico de fontes estacionárias), visto que representa cerca de 1 a 9% de sua composição, além das emissões veiculares com a queima de diesel, e do refino de petróleo.

Quanto ao carvão mineral, cabe destacar que muitos países ainda utilizam a queima deste tipo combustível como parte significativa de suas respectivas matrizes energéticas, como é o caso da China.

Dentre as consequências relacionadas à emissão deste tipo de poluente destaca-se a sua contribuição para a formação de *smog*, sob determinadas condições, tais quais observadas em Londres, resultando em diversos impactos, sobretudo à saúde e vida humana.

Não obstante, este tipo de poluição também contribui para a formação de chuva ácida, com a oxidação de SO_2 em fase gasosa, resultando na formação de ácido sulfúrico (H_2SO_4) como mostrado na reação (3.1):

$$SO_{2(g)} + \cdot OH_{(g)} + O_{2(g)} + nH2O \rightarrow HOO\cdot_{(g)} + H_2SO_{4(aq)} \qquad (3.1)$$

Vale dizer que o processo de formação de chuva ácida também pode ser decorrente da emissão de outros poluentes, tais como os óxidos de nitrogênio, e a consequente formação de ácido nítrico. A chuva ácida é caracterizada pela precipitação com um valor de pH, geralmente, inferior a 4,5, visto que a água precipitada pela chuva na ausência de poluentes atmosféricos já é levemente ácida com um pH em torno de 5,2 a 20°C, devido a presença de compostos como o CO_2 na atmosfera, que resulta na formação de ácido carbônico (H_2CO_3), sendo este um ácido fraco.

A precipitação ácida tem impactos consideráveis sobre a vegetação, corpos hídricos e solos, resultando em efeitos negativos sobre os seres vivos do ecossistema receptor. Estudos também indicam efeitos sobre a saúde humana.

O fenômeno de chuva ácida também tem efeitos sobre as propriedades da atmosfera, tanto no que diz respeito ao aumento da corrosão atmosférica, podendo causar danos a edifícios e estruturas expostas, quanto à redução da visibilidade.

Já na poluição atmosférica do tipo Los Angeles, tem-se como característica a emissão de poluentes, em especial os óxidos de nitrogênio (NO_x) e compostos orgânicos voláteis (COV), majoritariamente a partir de fontes veiculares.

Acontece que a presença combinada de ambos os poluentes (NO_x e COV) na presença de radiação solar pode levar à formação de ozônio troposférico, a ser melhor discutido no Capítulo 4, e outros poluentes secundários como o ácido nítrico e outros compostos orgânicos parcialmente oxidados.

A elevada concentração de ozônio na troposfera associada a condições atmosféricas adversas pode resultar em um fenômeno *"fog"* ou *"smog"* fotoquímico, com efeitos consideráveis sobre a saúde humana e à vegetação, degradação de materiais, além de, impactar a visibilidade atmosférica.

3.3 ESCALAS DA POLUIÇÃO ATMOSFÉRICA

A poluição atmosférica também pode ser classificada em acordo com o alcance e impactos dos poluentes atmosféricos. Em um modo geral, considera-se cinco escalas diferentes: local, urbana, regional, continental e global.

A escala local está associada a emissão de uma ou várias fontes sobre uma determinada área, com abrangência de até 5 km da superfície terrestre. Os impactos locais de uma determinada fonte de emissão são dependentes da altura de lançamento dos poluentes e das condições atmosféricas e topográficas locais. Quanto mais próximo à superfície emissão dos poluentes ocorrer, mais difícil é a dispersão destes, sobretudo em condições meteorológicas adversas e topográficas não favoráveis.

A poluição atmosférica urbana se dá em uma escala de até 50 km e é resultante da emissão direta dos poluentes primários de uma dada localidade em combinação com a reação dos ditos poluentes, dando origem aos poluentes secundários, com destaque ao ozônio troposférico.

A escala regional, de alcance de cerca de 50 km a 500 km, está associada às emissões combinadas de diferentes cidades e metrópoles, resultando em uma área contendo tanto os poluentes primários emitidos por diferentes segmentos de cada cidade ou metrópole, bem como o resultado da mistura e reação destes diferentes poluentes resultando em poluentes secundários, ocorrendo, sobretudo, quando a reatividade dos poluentes primários é baixa e a possibilidade de transporte destes é alta.

A escala continental diz respeito aos impactos da poluição atmosférica de forma transfronteiriça, por meio do transporte dos poluentes primários e/ou secundários oriundos de diferentes cidades e/ou países, em uma área de abrangência de 500 a cerca de 1.000 km, sendo um dos impactos de destaque a formação de chuva ácida, a partir da emissão de dióxido de enxofre e óxidos de nitrogênio.

Finalmente, a escala global é resultante da emissão e dispersão de poluentes persistentes na atmosfera e que podem ser transportados por longas distâncias, afetando o planeta, seus diferentes continentes e também diferentes camadas da atmosfera. Como destaque de impactos para a poluição atmosférica de escala global, tem-se a depleção da camada de ozônio estratosférico, a presença de poluentes orgânicos persistentes em áreas remotas e a intensificação do Efeito Estufa, com consequente aquecimento global e Mudanças Climáticas.

REFERÊNCIAS BIBLIOGRÁFICAS DESTE CAPÍTULO

BOUBEL, R. W.; VALLERO, D.; FOX, D. L.; TURNER, B.; STERN, A. C. *Fundamentals of air pollution*. Elsevier, 2013.

FIRKET, J. Fog along the Meuse valley. *Transactions of the Faraday Society*, v. 32, p. 1192-1196, 1936.

HISTORY STORIES. The great Smog of 1952. Disponível em: https://www.history.com/news/the-killer-fog-that-blanketed-london-60-years-ago

KCET. L. A.'s Smoggy Past in Photos. Disponível em: https://www.kcet.org/shows/lost-la/l-a-s-smoggy-past-in-photos.

NSTA. The origin of Federal Air Pollution Policy. Disponível em: https://www.nsta.org/science-teacher/science-teacher-march-2020/origin-federal-air-pollution-policy#:~:text=Truman's%20request%20resulted%20in%20the,impacts%20of%20pollution%20on%20Americans.

SEINFELD, J. H.; PANDIS, S. P. *Atmospheric Chemistry and Physics: from air pollution to climate change*. 1. ed. New York, USA: John Wiley & Sons Inc., 1998.

WILKINS, E. T. Air pollution aspects of the London fog of December 1952. *Quarterly Journal of the Royal Meteorological Society*, v. 80, n. 344, p. 267-271, 1954.

CAPÍTULO 4:
IDENTIFICAÇÃO E CLASSIFICAÇÃO DOS POLUENTES

4.1 POLUENTES QUANTO À SUA ORIGEM

Como definir poluição do ar? O que torna uma substância um poluente atmosférico? Uma forma de responder essa pergunta é olhar a legislação do Brasil e de outros países.

A Resolução 491, de 19 de novembro de 2018, do Conselho Nacional do Meio Ambiente (CONAMA) define, no artigo 2:

> *"poluente atmosférico: qualquer forma de matéria em quantidade, concentração, tempo ou outras características, que tornem ou possam tornar o ar impróprio ou nocivo à saúde, inconveniente ao bem-estar público, danoso aos materiais, à fauna e flora ou prejudicial à segurança, ao uso e gozo da propriedade ou às atividades normais da comunidade"*

Já no documento da Agência Ambiental dos Estados Unidos, *Terms of Environment*, é definido:

> *"Poluente atmosférico: qualquer substância no ar que possa, em concentrações altas, causar danos ao homem, outros animais, vegetação ou materiais" e "Poluição do ar: presença de contaminantes ou substâncias poluentes no ar que...interferem com a saúde humana e bem-estar, ou produzem outros efeitos nocivos ao meio ambiente".*

Assim, o que caracteriza uma substância como poluente é sua interferência com a saúde e o bem-estar dos seres humanos, com a saúde dos outros animais e espécies vegetais e, em geral, com a conservação do meio ambiente. Os diversos poluentes podem ser classificados segundos diferentes critérios.

Aqueles emitidos diretamente pelas fontes (sejam naturais ou antropogênicas) são chamados de *poluentes primários,* e desta forma são lançados diretamente na atmosfera. Porém, muitos deles experimentam reações químicas com outros poluentes ou com componentes da atmosfera natural, não poluída, formando novos poluentes, chamados de *poluentes secundários.* Assim, a atmosfera se comporta como um imenso reator aberto, sujeito a processos mecânicos (dispersão, evecção, difusão, sedimentação, deposição etc.), físico-químicos (volatilização, dissolução, absorção, adsorção, decomposição e dissociação fotoquímica, reações diversas etc.) influenciados por fatores meteorológicos, geográficos e as fontes de emissão.

Frequentemente, os poluentes primários que dão origem aos secundários são chamados de *precursores.* A identificação dos precursores e dos processos que levam à formação dos poluentes secundários é importante para o controle efetivo da poluição do ar e para a tomada de medidas que visem um gerenciamento da qualidade do ar.

Enquanto alguns poluentes são estritamente primários (óxidos de nitrogênio, o monóxido de carbono, o dióxido de enxofre, os compostos policíclicos aromáticos e a maioria dos compostos orgânicos voláteis), ou secundários (ozônio), alguns poluentes podem ser de origem primária ou secundária, tais como o formaldeído e o acetaldeído, que são originados em diversas fontes de emissão, mas são também produtos importantes da oxidação fotoquímica de compostos orgânicos voláteis. Já o material particulado com diâmetro maior ou igual a 10 μm é de origem primária, entanto que uma fração considerável das partículas com diâmetros menores que 2,5 µm é formada em processos secundários.

4.2 POLUENTES QUANTO AO SEU CONTROLE

A Organização Mundial da Saúde (OMS) tem compilado e analisado diversos estudos científicos ao longo dos anos que levaram a publicação de diversos documentos contendo as chamadas Diretrizes de Qualidade do Ar, conhecidas pelo seu nome em inglês *Air Quality Guidelines* (AQG). O objetivo desses documentos é recomendar valores limite de concentração para poluentes específicos, considerados de maior risco para a saúde, que possam ser utilizados como guia para os diversos países e agências ambientais. O primeiro desses documentos foi publicado em 1987 e após diversas atualizações foi publicada uma versão global em 2005, utilizada por muitos países como base para sua legislação, considerando os quatro *poluentes clássicos* (material particulado, ozônio, dióxido de enxofre e dióxido de nitrogênio). Em 2015, foram publicadas as conclusões das reuniões de vários cientistas que analisaram os efeitos sobre a saúde de 32 poluentes e a recomendação de uma nova avaliação dos limites para alguns deles. Os poluentes foram classificados em quatro grupos, conforme mostrado no Quadro 4.1, sendo que para os do Grupo 1 era necessária uma revisão prioritária e para os do Grupo 4, as recomendações vigentes foram consideradas aceitáveis. Em 2021, à luz das novas evidências dos danos causados pela poluição do ar à saúde da população, foram publicadas novas recomendações para os poluentes mais críticos (Grupo 1, no Quadro 4.1).

Quadro 4.1 Poluentes considerados pela OMS no relatório de 2015

Grupo 1	Grupo 2	Grupo 3	Grupo 4
Material particulado	Cádmio	Arsênico	Mercúrio
Ozônio	Cromo	Manganês	Asbestos
Dióxido de nitrogênio	Chumbo	Platina	Formaldeído
Dióxido de enxofre	Benzeno	Vanádio	Estireno
Monóxido de carbono	Dioxinas e furanos	Butadieno	Tetracloetileno
	Hidrocarbonetos policíclicos aromáticos (HPA)	Tricloroetileno	Disulfeto de carbono
		Acetonitrila	Flúor
		Sulfeto de hidrogênio	PCBs
		Tolueno	1,2-Dicloroetano
		Níquel	Diclorometano
		Cloreto de vinila	

Fonte: OMS. *WHO expert consultation: available evidence for the future update of the WHO Global Air Quality Guidelines (AQGs)*, 2015.

Em concordância com essas recomendações, diversos países têm estabelecido limites máximos para a concentração de alguns poluentes no ar ambiente, que por esse motivo são chamados de *poluentes legislados* (em inglês *criteria pollutants*). No Brasil, segundo a legislação mais recente que dispõe sobre os Padrões Nacionais de Qualidade do Ar (Resolução CONAMA 491 de 19/11/2018), esses poluentes são: dióxido de nitrogênio, dióxido de enxofre, monóxido de carbono, ozônio, material particulado até 10 µm (MP_{10}) e material particulado até 2,5 µm ($MP_{2,5}$), ou seja, aqueles considerados prioritários pela OMS. O chumbo no material particulado é um parâmetro a ser monitorado apenas em áreas específicas, assim como a fumaça e as partículas totais em suspensão, consideradas auxiliares para a avaliação da qualidade do ar. Outros poluentes importantes, especialmente os compostos orgânicos voláteis (COV) que são precursores de ozônio são *não legislados*.

Muitos poluentes não legislados no Brasil têm sido estudados em diversos trabalhos científicos desenvolvidos nas universidades e institutos de pesquisa, ficando evidente sua importância desde o ponto de vista da qualidade do ar: compostos orgânicos voláteis (hidrocarbonetos na faixa C_2-C_{12} e compostos oxigenados, principalmente etanol, aldeídos e cetonas), metais em material particulado e hidrocarbonetos policíclicos aromáticos. Entre os hidrocarbonetos, os compostos aromáticos benzeno, tolueno, etil benzeno e xilenos (chamados de BTEX) são importantes pelos seus efeitos na saúde. Entre os compostos carbonílicos, o formaldeído e o aceltaldeído são importantes pela sua toxicidade e pela sua reatividade como precursores de ozônio. No Quadro 4.2, são mostrados os principais poluentes legislados e não legislados no Brasil.

Quadro 4.2 Poluentes legislados e principais poluentes não legislados no Brasil

Poluentes legislados	Poluentes não legislados
Ozônio	Hidrocarbonetos na faixa C_2-C_{12}
Dióxido de nitrogênio	Compostos oxigenados (álcoois, aldeídos e cetonas)
Dióxido de enxofre	Metais (em material particulado)
Monóxido de carbono	Hidrocarbonetos policíclicos aromáticos (na fase gás e no material particulado)
MP_{10}	
$MP_{2,5}$	
Material particulado total, fumaça e chumbo	

Fonte: Os autores

4.3 TRANSFORMAÇÕES QUÍMICAS NA ATMOSFERA: OS PROCESSOS QUE CONTROLAM AS CONCENTRAÇÕES DE OZÔNIO

As transformações químicas na atmosfera que levam à formação de outros compostos, principalmente ozônio, são diferentes na estratosfera e na troposfera. O único processo importante de formação de ozônio, tanto na estratosfera quanto na troposfera, é a recombinação do átomo de oxigênio no estado eletrônico fundamental com o oxigênio molecular, conforme a reação (4.1):

$$O(^3P) + O_2 \rightarrow O_3 \qquad (4.1)$$

Os processos na estratosfera são consequência da absorção de radiação ultravioleta e estão centrados na química das espécies $O-O_2-O_3$. Assim, o $O(^3P)$ é formado através da dissociação do O_2 por absorção de radiação ultravioleta (no intervalo 175-242 nm).

Já na troposfera não acontece a dissociação do oxigênio molecular (porque a radiação ultravioleta desses comprimentos de onda não atinge a superfície terrestre) e a formação de $O(^3P)$ acontece pela decomposição do NO_2 com luz visível, reação (4.2):

$$NO_2 + hv \ (\lambda < 430 \ nm) \rightarrow NO + O(^3P) \qquad (4.2)$$

Porém, as emissões de óxidos de nitrogênio na troposfera são principalmente de NO, de forma que a produção de $O(^3P)$ através da reação (4.2) depende da transformação de NO em

NO_2. Essa transformação acontece através de um complexo mecanismo que envolve os chamados precursores de ozônio: COV (hidrocarbonetos e compostos oxigenados) e óxidos de nitrogênio, genericamente chamados de NO_x ($NO_x = NO + NO_2$).

Esse mecanismo é iniciado através de um processo chamado *fotoxidação* que consiste na reação entre um COV e o radical hidroxila ($\cdot OH$). Essa reação leva a uma oxidação do composto orgânico (formando como última etapa CO_2). O radical é originado na reação (4.3):

$$O(^1D) + H_2O \rightarrow 2 \cdot OH \qquad (4.3)$$

A espécie $O(^1D)$, oxigênio do estado eletrônico excitado, é formada pela dissociação fotoquímica do ozônio, evidenciando, assim, sua origem fotoquímica:

$$O_3 + h\nu \ (\lambda < 340 \ nm) \rightarrow O(^1D) + O_2 \qquad (4.4)$$

O átomo $O(^1D)$ pode estabilizar (perder energia) por colisão formando o átomo no estado fundamental $O(^3P)$ ou reagir formando radicais $\cdot OH$, reação (4.3).

O radical $\cdot OH$ é uma espécie minoritária na atmosfera (em concentrações de pptv), porém desempenha um papel fundamental na oxidação dos COV, na transformação de NO em NO_2 e, consequentemente, na produção de O_3. Os radicais $\cdot OH$ iniciam a sequência de reações que levam à formação de ozônio e essa etapa é, também, a etapa determinante da velocidade do processo total.

Esse processo é mostrado, em forma simplificada na Figura 4.1, onde a etapa 1 acontece pela reação dos radicais hidroxila com os compostos orgânicos, formando radicais (espécies muito reativas) por exemplo, os radicais alquila ($\cdot$R) quando é abstraído um átomo de hidrogênio do COV. Existem outras formas mais complexas para essa primeira etapa (por exemplo, no caso dos alcenos), porém o resultado final é sempre o mesmo: os radicais formados, na presença de oxigênio molecular formam radicais peroxialquila ($\cdot RO_2$). Esses radicais reagem com NO, no processo (4.5), transformando NO em NO_2:

$$\cdot RO_2 + NO \rightarrow \cdot RO + NO_2 \qquad (4.5)$$

Esse é o processo fundamental que leva à formação do NO_2, que posteriormente através da reação (4.2) irá formar os átomos de oxigênio que irão recombinar e formar ozônio, reação (4.1). Os compostos formados continuam reagindo e os radicais $\cdot$OH se regeneram de forma que o processo continua em um ciclo.

Figura 4.1 Representação esquemática do processo (simplificado) de formação de ozônio a partir dos precursores (COV e óxidos de nitrogênio).

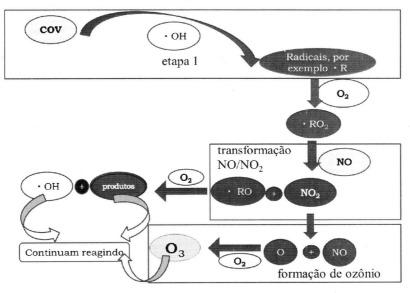

Fonte: os autores

Todos os processos mostrados no esquema da Figura 4.1 levam à formação de ozônio. Porém o NO pode, também, reagir com O_3 como mostrado na reação (4.6):

$$O_3 + NO \rightarrow O_2 + NO_2 \quad (4.6)$$

Além disso, os hidrocarbonetos com ligação dupla (alquenos) reagem com O_3, por exemplo, o eteno e o propeno e compostos de origem biogênica como o isopreno (que tem duas duplas ligações). Esses processos são mostrados, em forma simplificada, no esquema da Figura 4.2, onde as reações de formação de ozônio foram indicadas em verde e as de consumo em vermelho.

Figura 4.2 Representação esquemática do processo (simplificado) de formação e consumo de ozônio.

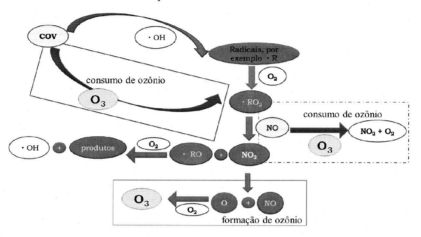

Fonte: os autores

Assim, os COV e os óxidos de nitrogênio contribuem simultaneamente para a formação e o consumo de ozônio, o que torna o processo não linear, ou seja, a concentração de ozônio não depende em forma linear das concentrações de seus precursores.

As reações mostradas na Figura 4.2 podem ser escritas em forma completa, dando mecanismos de centos de etapas e dezenas de espécies químicas. Esses mecanismos são chamados de *modelos fotoquímicos* e podem ser integrados numericamente fornecendo as concentrações de ozônio para diversas concentrações iniciais de COV e óxidos de nitrogênio em determinados cenários (fatores meteorológicos, época do ano e emissões de poluentes). Com os resultados é possível construir uma figura representando as concentrações máximas de O_3 para cada valor de concentração de COV (totais) e NO_x. Essa representação é chamada de isopletas (ou isolinhas) de ozônio (curvas de igual concentração de O_3) e é mostrada na Figura 4.3.

Figura 4.3 Isopletas de ozônio, mostrando cenários controlados pelas concentrações de COV e pelas concentrações de NO_x.

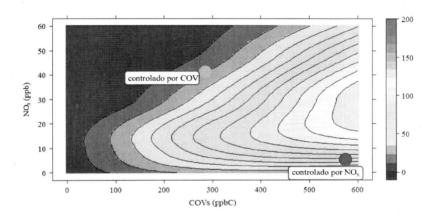

Fonte: os autores

Na Figura 4.3, além de ser observada a não-linearidade do sistema, podem ser notados diferentes respostas às mudanças de concentração. A região superior esquerda (ponto laranja) corresponde a cenários tipicamente urbanos, com emissões veiculares predominantes e relativamente altas concentrações de óxidos de nitrogênio. Essas condições acontecem, por exemplo, no centro da cidade e em bairros com alto fluxo veicular, especialmente ônibus (usando diesel). Nesse cenário, uma diminuição das concentrações de NO_x leva a um aumento nos níveis de O_3 (passando das isopletas em azul às verdes que correspondem a concentrações maiores). A única forma de diminuir os níveis de O_3 nessas condições é controlando (diminuindo) as emissões de COV, por esse motivo o sistema é *controlado por COV*. O ponto vermelho representa uma região com altas concentrações de COV em comparação com os NO_x, uma situação típica de áreas industriais, principalmente de indústrias químicas e petroquímicas. Nessas condições uma diminuição dos níveis de COV é pouca efetiva no controle dos níveis de O_3, sendo necessário diminuir as emissões e níveis de NO_x para obter uma diminuição das mesmas. Esses cenários são conhecidos como controlados por NO_x. As regiões intermediárias na Figura 4.3 correspondem, geralmente, ao subúrbio e apresentam um comportamento mais perto da linearidade.

4.4 AS EVIDÊNCIAS EXPERIMENTAIS SOBRE O CONTROLE DAS CONCENTRAÇÕES DE OZÔNIO

Existem muitas evidências experimentais que mostram o comportamento explicado no item anterior. No Brasil, dois eventos contribuíram para esclarecer alguns aspectos relacionados com os processos de formação e consumo de ozônio: a greve dos caminhoneiros em 2018 e o *lockdown* parcial, devido à pandemia de COVID-19, em 2020. Em ambas ocasiones, nas principais cidades, houve uma redução considerável do trânsito veicular, que levou a uma diminuição das emissões de alguns poluentes, principalmente CO (emitido pelos veículos leves) e NO_x (emitidos principalmente pelos veículos movidos a diesel). Contudo, especialmente nas regiões metropolitanas de Rio de Janeiro e São Paulo, onde as atividades industriais são uma fonte importante de emissões de COV, foi observada uma diminuição relativamente menor destes compostos porque não houve uma redução significativa dessas atividades. Como consequência, nas áreas afetadas por fontes mistas (veiculares e industriais), as concentrações de NO_x diminuíram proporcionalmente mais que as de COV e a relação COV/NO$_x$ aumentou ligeiramente durante esse período. Já nas áreas com fontes predominantemente veiculares, a relação permaneceu aproximadamente igual.

Todas as medidas dos níveis de ozônio nesse período mostraram que, apesar dos níveis de concentração dos poluentes primários terem diminuído (até em 50%), os níveis de ozônio permaneceram aproximadamente iguais ou aumentaram ligeiramente. Essa é uma evidência experimental contundente de que os níveis de ozônio dependem principalmente das relações COV/NO$_x$ e não dos níveis de cada precursor.

Outras medições realizadas em áreas com relações COV/NO$_x$ similares, mas diferentes distribuições (especiação) de compostos, mostraram que áreas com predominância de COV mais reativos (por exemplo, alquenos e compostos aromáticos) apresentam maiores níveis de ozônio, alertando que a composição da mistura de COV (ou seja, quais são os compostos) é mais importante que a concentração.

Essas observações estão mostradas na Figura 4.4, onde foram representadas as concentrações medidas pela estação de monitoramento automático de Irajá (Rio de Janeiro) antes da pandemia (amarelo) e durante o *lockdown* parcial (lilás). Esse bairro é afetado pelas emissões veiculares locais e pelo transporte das emissões veiculares e industriais da área norte da Região Metropolitana do Rio de Janeiro e emissões veiculares do centro e sul da cidade. A figura mostra a diminuição dos níveis de NO$_x$ durante o *lockdown* e o aumento das relações COV/NO$_x$ e dos níveis de O$_3$ no mesmo período.

Figura 4.4 Concentrações determinadas na estação de monitoramento automático da Secretaria Municipal de Meio Ambiente (SMAC) em Irajá (Rio de Janeiro): linhas amarelas (mais claras) valores médios no período 1 a 22 de março de 2020; linhas roxas valores médios no período 23 de março a 30 de abril de 2020 (*lockdown* parcial devido à pandemia de COVID-19).

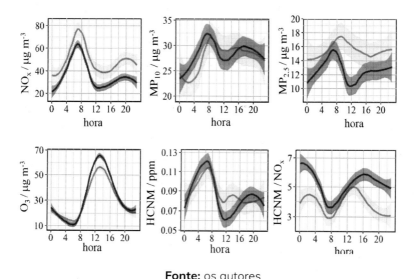

Fonte: os autores

Resultados similares foram observados na cidade do Rio de Janeiro, durante a greve nacional de caminhoneiros, iniciada em 21 de maio de 2018 e com duração de 10 dias, que levou ao esgotamento dos estoques de combustíveis nos postos de gasolina e afetou severamente o trânsito veicular. Medições de quatro estações de monitoramento da cidade (Tijuca, Bangu, Irajá e Campo Grande) mostraram reduções nos níveis dos poluentes primários (NO_2, MP_{10} e HC não metano). Porém, as concentrações de ozônio se mantiveram altas, acontecendo inclusive violações dos padrões nacionais de qualidade do ar.

Esse comportamento é similar ao chamado "efeito do final de semana" (*weekend effect*) relatado na literatura para diversas cidades do mundo, nas quais se observa uma redução do trânsito veicular associada a uma diminuição dos níveis de NO_x e um acréscimo dos níveis de ozônio durante os finais de semana. Todos esses locais têm em comum cenários onde as concentrações de ozônio são controladas por COV (ou seja, áreas com relações COV/NO_x baixas).

Desde o ponto de vista do controle da qualidade do ar, esta é uma evidência muito relevante ao mostrar que o simples controle das emissões veiculares pode não resolver o problema das concentrações de O_3.

4.5 DISTRIBUIÇÃO AMBIENTAL DE AEROSSÓIS PRIMÁRIOS E SECUNDÁRIOS

Aerossol é uma suspensão de partículas líquidas ou sólidas na fase gasosa. Os aerossóis urbanos são misturas de material particulado de origem primária, emitido por indústrias, processos de combustão, geração de energia e fontes naturais, e material secundário formado em processos de conversão gás-partículas. O diâmetro destas partículas pode variar entre alguns nanômetros até 100 µm. Tipicamente, partículas geradas em processos de combustão (por exemplo, emissões veiculares, geração de energia e queima de madeira) têm diâmetros entre poucos nanômetros e 1 µm. Já partículas como pólen, poeira, sais marinhos e outra provenientes da vegetação têm diâmetros > 1 µm. O tamanho das partículas afeta seu tempo de permanência na atmosfera, suas propriedades físico-químicas e causam diferentes efeitos na saúde das pessoas e outros seres vivos.

Em geral, as partículas mais abundantes (em número de partículas) são aquelas com diâmetros < 0,1 µm. Quando é considerada a massa, são observados dois intervalos: um deles para diâmetros < 1 µm (partículas finas) e outro centrado em aproximadamente 10 µm (partículas grossas). Uma análise mais detalhada e a possibilidade atual do estudo de partículas com diâmetros na faixa de nanômetros, permite estabelecer quatro intervalos (chamados de *modos*): partículas ultrafinas (< 0,01 µm), intervalo transiente ou de partículas ou núcleos de Aitken (entre 0,01 e 0,08 µm), modo acumulação (entre 0,08 e 1 µm) e partículas grossas (> 1 µm). Os três primeiros modos são chamados, em forma genérica, de partículas finas. As partículas com diâmetros entre 0,01 e 0,08 µm são chamadas dessa forma porque foi Aitken que, ao final do século XIX, demonstrou a existência delas e estudou os processos de nucleação que levam à formação das mesmas. As partículas grossas são formadas principalmente através de processos mecânicos como erosão, vento e desgaste de materiais.

Em 1973, Whitby, fez a proposta de classificação, mostrada na Figura 4.5, e do uso dos termos *modo de nucleação* (entre 0,001 e 0,1 µm), *modo de acumulação e partículas grossas, grosseiras ou modo de sedimentação.*

Figura 4.5 Características das partículas atmosféricas de acordo com seu tamanho, conforme a classificação de Whitby (1973).

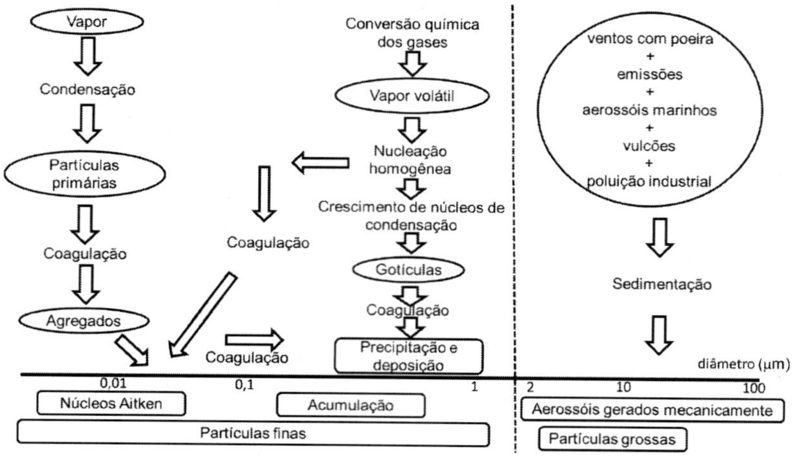

Fonte: os autores

Como já mencionado, os aerossóis podem ser classificados como primários ou secundários, segundo sua origem e processo de formação. De uma forma esquemática e simplificada, isso é mostrado na Figura 4.6. As principais fontes primárias naturais são poeiras do solo, emissões vulcânicas, aerossol marinho e emissões biogênicas enquanto as fontes antropogênicas estão associadas à queima de combustíveis fósseis, processos industriais e de geração de energia, mineração e queimadas não naturais.

Figura 4.6 Representação esquemática dos processos de formação do aerossol secundário.

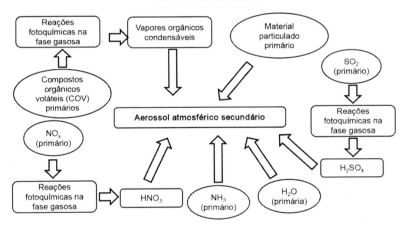

Fonte: os autores

A distribuição de tamanhos dos aerossóis está associada à sua origem. Os desertos são uma fonte importante de partículas contendo silício, alumínio, ferro, cálcio, magnésio, sódio, potássio e outros elementos em menores proporções. Entanto perto da fonte podem ser encontradas partículas com até 100 µm, só as de diâmetros < 10 µm podem ser transportadas longas distâncias (até 5.000 km, através inclusive dos oceanos Atlântico e Pacífico). Já os vulcões são fonte de partículas lançadas, em geral, a elevadas altitudes e com uma fração importante com diâmetros < 1 μm, pelo qual podem permanecer longos períodos na atmosfera e ser transportadas longas distâncias. Os gases emitidos contêm SO_2, HCl, HF e SiF_4 e as partículas contêm materiais inorgânicos, como silicatos, sulfatos e sais de haletos. O SO_2 pode ser oxidado à ácido sulfúrico e sulfatos que são transportados e atuam como núcleos de condensação de outras partículas.

Os aerossóis marinhos são uma fonte importante sobre os oceanos e em regiões costeiras e estão constituídos por partículas de todos os modos. Porém, as grossas constituem aproximadamente 95% da massa total e resultam da evaporação do *spray* marinho produzido no arrebentamento de bolhas de ar nas cristas das ondas ou pelo rompimento das ondas. Os aerossóis primários de fontes biogênicas contêm uma grande variedade de compostos orgânicos de origem vegetal, matéria húmica e partículas microbianas (fungos, esporos, vírus, algas e bactérias) e compõem a maior parte do material particulado em regiões rurais pouco impactadas. A distribuição de massa está dominada por partículas grossas com diâmetros centrados em 7 μm.

Os aerossóis urbanos são uma mistura de partículas primárias e secundárias e sua massa está geralmente distribuída em dois modos: modo acumulação (entre 0,08 e 1 μm) e partículas grossas. Essa distribuição é muito variável em cenários urbanos. Geralmente perto das fontes de emissão (por exemplo, do lado de uma grande rodovia), as concentrações de partículas < 0,1 μm é muito alta e na medida que a distância aumenta predominam partículas maiores. Em geral, quando se observa o número de partículas, predominam aquelas com diâmetros < 0,1 μm, entanto que considerando a massa, a maior parte dela corresponde a partículas > 0,1 μm.

Normalmente ao discutir qualidade do ar, são usados os termos "material particulado total" (MPT) e "MP_x" (onde x significa diâmetro menor ou igual a x µm). No Brasil, a legislação contempla o material particulado com diâmetros menor ou igual a 2,5 e a 10 µm, $MP_{2,5}$ e MP_{10}, respectivamente.

4.6 AEROSSÓIS ATMOSFÉRICOS ORGÂNICOS

A fração de material particulado contendo carbono consiste em carbono elementar (CE) e uma variedade de compostos orgânicos (carbono orgânico ou OC, sendo usada a sigla em inglês para não confundir com o composto CO). O CE, também chamado de *black carbon* ou carbono grafítico, tem uma estrutura similar ao grafite impurificado e é emitido diretamente na atmosfera durante os processos de combustão (primário). O OC é diretamente emitido pelas fontes (OC primário) ou pode ser formado *in situ* através de processos de condensação de compostos orgânicos pouco voláteis formados na fotoxidação de hidrocarbonetos (OC secundário). O termo OC é usado apenas para a fração de carbono do material orgânico (e não para outros elementos como oxigênio, hidrogênio e nitrogênio). Também são encontradas quantidades menores de carbonatos (como $CaCO_3$) e de CO_2 adsorvido no material particulado (como a fuligem).

As partículas formadas nos processos de combustão, consistem em CE e OC e são chamadas de fuligem (*soot*). As partículas de fuligem são conglomerados de partículas aproximadamente esféricas, com tamanhos de 20 a 30 nm, que formam cadeias (ramificadas ou lineares) que, por sua vez, se aglomeram formando a fuligem com tamanhos de alguns micrômetros. Assim, a fuligem é uma mistura de CE, OC e pequenas quantidades de outros elementos (oxigênio, nitrogênio e hidrogênio) incorporados na sua estrutura.

A formação de fuligem depende da relação carbono/oxigênio entre os hidrocarbonetos que formam o combustível e o ar. Quando a quantidade de oxigênio é insuficiente, o processo de combustão gera os gases CO, H_2 e as partículas que irão formar a fuligem. Em presença de um excesso de oxigênio, não é formado fuligem e o gás CO irá oxidar a CO_2.

Nos processos de combustão veicular, as partículas de CE têm uma distribuição unimodal, com um pico em aproximadamente 0,1 μm. No ar ambiente é observada uma distribuição bimodal, com picos nos intervalos 0,05-0,12 μm e 0,5-1,0 μm. O primeiro corresponde à contribuição das emissões primárias (combustão) e o segundo é formado pela acumulação de produtos secundários sobre as partículas primárias, levando ao crescimento do aerossol.

O OC (tanto em ambientes urbanos quanto rurais) é uma mistura complexa de dezenas de compostos orgânicos e se acumulam principalmente formando duas distribuições, uma centrada em 0,2 μm e outra aproximadamente em 1 μm.

O aerossol secundário é formado na atmosfera pela transferência de massa de compostos orgânicos com baixa pressão de vapor para a superfície do aerossol primário. Os compostos orgânicos são oxidados na fase gasosa pelo radical hidroxila ($\cdot OH$), o ozônio e o radical nitrato ($\cdot NO_3$), alguns desses produtos são pouco voláteis e condensam na superfície de partículas, estabelecendo um equilíbrio entre as duas fases (gasosa e aerossol). Assim, a formação do aerossol secundário depende das reações na fase gasosa e do aerossol orgânico precursor, enquanto a partição entre as duas fases, gasosa e aerossol, depende de processos físico-químicos que envolvem as interações entre os compostos químicos presentes.

Os compostos orgânicos mais leves (com até seis átomos de carbono) não contribuem à formação de aerossol devido a sua pressão de vapor alta. Já compostos com menores pressões de vapor, como alcanos poli-substituídos, nitratos orgânicos, ácidos carboxílicos derivados de compostos aromáticos, fenóis poli-substituídos etc., foram identificados em aerossóis. Os hidrocarbonetos policíclicos aromáticos (HPAs), dos quais o benzo[a]pireno é um dos mais conhecidos por ser carcinogênico, consistem em dois ou mais anéis contendo hidrogênio e carbono, e são produtos da combustão incompleta de matéria orgânica (por exemplo, carvão, madeira, gasolina e óleo). Os HPAs mais leves, com dois anéis (como o naftaleno) estão presentes principalmente na fase gasosa, enquanto os mais pesados, com sete ou mais anéis (como o coroneno) estão exclusivamente nos aerossóis. Os intermediários (como pireno e antraceno) estão distribuídos em ambas as fases. A distribuição de tamanhos também varia dependendo da distância das fontes: perto dos locais de emissão apresentam uma distribuição unimodal centrada em 0,01-0,50 μm, entanto que em ambientes urbanos com as massas de ar bem misturadas é observado, também, um segundo modo em 0,5-1,0 μm.

4.7 AS EVIDÊNCIAS EXPERIMENTAIS DO TRANSPORTE E ORIGEM DO MATERIAL PARTICULADO

As partículas no modo grosso podem ser removidas por deposição seca ou pela chuva, mas também podem ser transportadas por longas distâncias. Existem fortes evidências do transporte de partículas do deserto do Sahara até a Floresta Amazônica, das partículas produzidas em queimadas ou em incêndios, e de cinzas vulcânicas.

A modo de exemplo, na Figura 4.7 é mostrada uma imagem de satélite do *Copernicus Atmosphere Monitoring Service (CAMS)/Copernicus da European Comission e European Centre for Medium-Range Weather Forecast (ECMW)*, divulgadas pelo sistema *Earth* (de domínio público) para agosto de 2020, na qual pode ser observada a dispersão do material particulado $MP_{2,5}$ a partir dos focos de queimada na Amazônia. E na Figura 4.8 é mostrada uma simulação das trajetórias das massas de ar para o mesmo período, partindo do município de Colniza (MT), um dos mais atingidos pelos desmatamentos no estado de Mato Grosso. As simulações foram realizadas usando o modelo de dispersão HYSPLIT da *National Oceanic and Atmospheric Administration (NOAA)* e a plataforma *Google Earth*.

Figura 4.7 Concentrações de MP$_{2,5}$ na região amazônica no período de queimadas, obtidas em agosto de 2020.

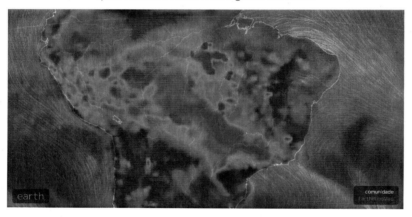

Fonte: *CAMS/Copernicus/European Comission/ ECMW e Earth.nullschool*

Figura 4.8 Simulação da dispersão das massas de ar com origem no município de Colniza (MT, Brasil) para agosto de 2020.

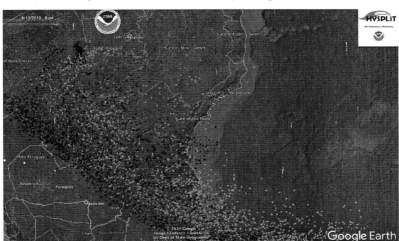

Fonte: *HYSPLIT e Google Earth*

REFERÊNCIAS BIBLIOGRÁFICAS DESTE CAPÍTULO

ALVES, C. Aerossóis atmosféricos: perspectiva histórica, fontes, processos químicos de formação e composição orgânica. *Química Nova*, v. 28, p. 859-870, 2005.

ARBILLA, G.; SILVA, C. M. Poluição Atmosférica. *Revista de Química Industrial*, v. 85, p. 3-14, 2017.

DA SILVA, C. M.; SICILIANO, B.; CARVALHO, N.; CORRÊA, S. M.; ARBILLA, G. Modelos fotoquímicos simples como ferramenta para o gerenciamento da qualidade do ar. *Química Nova*, v. 42, p. 273-282, 2019.

DANTAS, G.; SICILIANO, B.; FREITAS, L.; GUEDES DE SEIXAS, E.; DA SILVA, C. M.; ARBILLA, G. Why did ozone levels remain high in Rio de Janeiro during the Brazilian truck driver strike? *Atmospheric Pollution Research*, v. 10, p. 2018-2029, 2019.

EARTH. Descrição. Disponível em https://earth.nullschool.net/pt/about.html.

EARTH. Mapa animado. Disponível em https://earth.nullschool.net/.

FINLAYSSON-PITTS, B. J.; PITTS, J. N. *Chemistry of the Upper and Lower Atmosphere. Theory, Experiments and Applications.* Academic Press, 2000.

GIODA, A.; OLIVEIRA, R. C. G.; CUNHA, C. L.; CORRÊA, S. M. Understanding ozone formation at two islands of Rio de Janeiro, Brazil. *Atmospheric Pollution Research*, v. 9, p. 278-288, 2018.

HYSPLIT. Air Resources Laboratory. Disponível em: https://www.ready.noaa.gov/HYSPLIT.php.

RESOLUÇÃO 491, de 19 de novembro de 2018. Disponível em: https://www.in.gov.br/materia/-/asset_publisher/Kujrw0TZC2Mb/content/id/51058895.

SEINFELD, J. H., PANDIS, S. N. *Atmospheric Chemistry and Physics. From Air Pollution to Climate Change.* John Willey & Sons, 1998.

SICILIANO, B.; DANTAS, G.; DA SILVA, C. M.; ARBILLA G. Increased ozone levels during the COVID-19 lockdown: Analysis for the city of Rio de Janeiro, Brazil. *Science of the Total Environment*, v. 737, 139765, 2020.

SILVA, C. M.; ARBILLA, G. Urbanização e os Desafios na Caracterização da Qualidade do Ar. *Revista Virtual de Química*, v. 10, p. 1898-1914, 2018.

SILVA, C. M.; TSURUTA, F.; VIEIRA, F.; ARBILLA, G. Simulação das trajetórias de poluentes em eventos naturais e antropogênicos. *Revista Virtual de Química*, v. 10, p. 1828-1848, 2018.

US EPA. Terms of Environment. Glossary, Abbreviations and Acronyms. Disponível em: encurtador.com.br/lyHU0

VALLERO, D. A. Fundamentals of Air Pollution. 4th Edition. Elsevier, 2008.

WHO, 2005. World Health Organization. Air Quality Guidelines. Global Update 2005. Disponível em: https://www.euro.who.int/__data/assets/pdf_file/0005/78638/E90038.pdf.

WHO, World Health Organization. What are the WHO air quality guidelines?, 2021. Disponível em: https://www.who.int/news-room/feature-stories/detail/what-are-the-who-air-quality-guidelines.

WHO, World Health Organization. WHO expert consultation: available evidence for the future update of the WHO Global Air Quality Guidelines (AQGs), 2015. Disponível em: https://apps.who.int/iris/handle/10665/341714.

CAPÍTULO 5:
FONTES

As fontes de emissão de poluentes podem ser naturais e antropogênicas. As fontes naturais são devidas a própria natureza e existem, inclusive, em ambientes remotos ou rurais não impactados. Porém, em alguns casos é difícil classificar uma emissão em uma das duas categorias. Por exemplo, em um local onde foi realizada mineração ou desflorestamento e posteriormente, por causa da movimentação de terra ou a perda de vegetação, a emissão de material particulado aumenta.

5.1 FONTES NATURAIS

As principais fontes naturais são a poeira (geralmente movimentada pelos ventos), o *spray* marinho, as erupções vulcânicas e a vegetação.

A ressuspensão de poeira é uma fonte de material particulado, inclusive em regiões remotas. Esses aerossóis são chamados de aerossóis continentais remotos e contêm partículas primárias, como poeira e pólen. Alguns estudos mostram que aerossóis provenientes dessas fontes, frequentemente contêm uma quantidade apreciável de partículas com diâmetros menores ou iguais a 2,5 μm e contêm sulfatos, amônio e carbono orgânico. Os principais metais de origem natural, encontrados associados ao material particulado, são cálcio, sódio, potássio, magnésio, manganês, ferro, cobalto, níquel e alumínio. Metais como zinco, cobre, cadmio e chumbo são provenientes de atividades humanas, mas podem ser achados em áreas rurais e remotas devido ao transporte dos aerossóis. Zinco e cobre já foram achados no material particulado coletado na Antártica e em áreas com escasso trânsito veicular (como Ilha Grande no estado do Rio de Janeiro) e são provenientes de emissões locais (como geração de energia, navios e alguns veículos) e do transporte desde regiões urbanas e industriais mesmo que afastadas (como é o caso da Antártica).

Como já mencionado no Capítulo 4, as tormentas de areia, especialmente provenientes dos desertos, são uma fonte de partículas com até 100 μm contendo silício, alumínio, ferro, cálcio, magnésio, sódio, potássio e outros elementos em menores proporções. Dependendo dos ventos e o transporte das massas de ar, as partículas menores (com diâmetros < 10 μm) podem ser transportadas longas distâncias.

Existem, por exemplo, fortes evidências de que partículas originadas no deserto do Sahara são transportadas até a Bacia Amazônica e são uma fonte de nutrientes (como ferro e fósforo) para a floresta. Estudos demonstram que essas partículas têm uma distribuição de tamanhos centrada em aproximadamente 1,3-1,6 μm e contêm minerais como alumínio e ferro, além de sódio, silício, cálcio, enxofre e potássio.

A *National Oceanic and Atmospheric Administration (NOAA)* divulga fotografias de satélite mostrando o transporte de poluentes emitidos por diversas fontes (tormentas de areia, cinzas vulcânicas, queimadas etc.). Em particular, as massas de ar (chamadas *Saharan Air Layer*) formadas sobre o deserto do Sahara são monitoradas, especialmente no período junho-agosto no qual, em alguns anos, se formam massas de ar secas e com grande conteúdo de poeira que atravessam o Atlântico. Uma dessas fotografias é mostrada na Figura 5.1.

Figura 5.1 Imagem de satélite divulgada pela NOAA, em junho de 2020, mostrando uma tormenta de areia sobre o deserto do Sahara.

Fonte: NOAA (https://www.nesdis.noaa.gov/news/the-saharan-air-layer-what-it-why-does-noaa-track-it)

O aerossol marinho reflete a composição da água marinha enriquecida com material orgânico que existe na superfície dos oceanos e contém principalmente cloro, sódio e quantidades menores de sulfatos, magnésio, cálcio e potássio.

Como explicado no Capítulo 4, as erupções vulcânicas são fonte de gases (SO_2, HCl, H_2S, H_2O, HF e SiF_4) e material particulado. A composição das cinzas varia, podendo conter diversos minerais como sílica (SiO_2), alumina (Al_2O_3) e álcalis (Na_2O e K_2O). A sílica, chamada de "vidro vulcânico" pode ser encontrada como quartzo ou cristobalita. Dados de satélite demostram que as cinzas vulcânicas podem permanecer durante muito tempo na atmosfera, sendo transportadas e levando, inclusive, a alterações climáticas e de cobertura da superfície da Terra. Uma das erupções mais conhecidas no século XX foi a do vulcão Pinatubo (Filipinas) em junho de 1991. Medidas de satélite obtidas pelo *Total Ozone Mapping Spectrometer (TOMS)* mostraram que foram lançadas à atmosfera aproximadamente 20 milhões de toneladas de SO_2 e a nuvem de SO_2 rodeou a Terra em aproximadamente 22 dias. O aerossol formado a partir das emissões permaneceu na estratosfera, a altitudes entre 16 e 28 km, alterando a radiação solar e os processos a ela associados, como a temperatura e a formação de ozônio na estratosfera (diminuição de 5-10% na coluna de ozônio). Já a erupção do vulcão Puyehue na Cordilheira dos Andes (Chile), em junho de 2011, lançou cinzas (vidro vulcânico) inicialmente em altitudes entre 9 e 16 km que foram transportadas permanecendo na atmosfera a altitudes menores (5 a 7 km) chegando a Argentina, Uruguai e Brasil (estado do Rio Grande do Sul). Porém, as medidas de satélite não mostraram lançamento significativo de SO_2.

A vegetação é outra fonte importante de emissões (*emissões biogênicas*), especialmente de compostos orgânicos voláteis (também chamados de Compostos Orgânicos Voláteis Biogênicos, COVB). Em uma base global, as emissões biogênicas são muito maiores que as antropogênicas e incluem uma grande variedade de compostos dependendo das espécies vegetais. O composto mais abundante é o isopreno (2-metil--1,3-butadieno, C_5H_8) com duas duplas ligações, o que torna esta espécie muito reativa e com um tempo de vida média na atmosfera de menos de duas horas. Os monoterpenos, sesquiterpenos e diterpenos são compostos contendo 10, 15 e 20 átomos de carbono, respectivamente. A modo de exemplo, as emissões de isopreno e monoterpenos são aproximadamente 45% e 11% do total de COVB provenientes da folhagem das árvores. Árvores, arbustos, flores e todo tipo de cobertura vegetal representam aproximadamente 80% das emissões biogênicas de COV enquanto os incêndios de biomassa representam aproximadamente 15%. A emissão de isopreno depende da espécie vegetal, da luz e da temperatura e essencialmente não acontece emissão na ausência de luz. As plantas também emitem eteno, especialmente quando estão estressadas por efeito da temperatura, falta de água ou por meios mecânicos, e outras espécies em menores quantidades, como propeno, buteno, ácidos orgânicos (fórmico e acético), compostos carbonílicos (formaldeído, acetaldeído, propanal, acetona etc.), álcoois e ésteres.

Em áreas tropicais, como é o caso do Brasil, a contribuição biogênica é muito importante. Em diversos estudos, especialmente na Floresta Amazônica e na Mata Atlântica, foram determinadas as concentrações de isopreno e de outros terpenos. Na Mata Atlântica foram estudadas áreas da floresta urbana na cidade de Rio de Janeiro (Figura 5.2) e na Área Metropolitana de São Paulo. As concentrações de isopreno variaram nos intervalos 0,23-0,4 e 0,53-2,48 µg m^{-3} no Rio de Janeiro e em São Paulo, respectivamente. A Floresta Amazônica é uma fonte importante de isopreno, inclusive a nível global, em 2022 foram publicados resultados, obtido numa área remota (Reserva Biológica de Cueiras na Amazônia Central), indicando que a emissão é de aproximadamente 6,9 mg m^{-2} h^{-1} e as concentrações variam durante o ano no intervalo 1,4-30,0 µg m^{-3}. Resultados anteriores, para o mesmo local, publicados em 2007, indicaram fluxos de 2,1 mgC m^{-2} h^{-1}, 2,1 mgC m^{-2} h^{-1} e 0,39 mgC m^{-2} h^{-1} para isopreno, α-pineno e a soma de monoterpenos, respectivamente. Esses e outros estudos foram realizados como parte do Experimento de Larga Escala da Biosfera-Atmosfera na Amazônia LBA (*Large-Scale Atmosphere-Biosphere Experiment in Amazonia*) utilizando medidas de satélite, e amostras coletadas por aviões e grandes torres de até pouco mais de 300 m de altura.

Figura 5.2 Vegetação da Mata Atlântica no Parque Estadual da Pedra Branca, Rio de Janeiro (com uma superfície de 124,92 km²).

Fonte: os autores

5.2 FONTES ANTROPOGÊNICAS

As atividades humanas ocasionam a emissão de poluentes de diversas formas: indústrias, produção de energia, agricultura, transporte público e individual, aquecimento ou refrigeração de edifícios públicos e privados, queima de biomassa, diversas atividades de serviço e atividades domésticas.

É bastante frequente classificar as fontes antropogênicas em dois grupos:

Fontes estacionárias ou fontes fixas: como indica o nome são locais fixos de emissão de poluentes, como indústrias, plantas de produção de energia e outras instalações. A Resolução CONAMA n° 436, de 22 de dezembro de 2011, que trata dos limites máximos de emissão de fontes fixas, considera fonte fixa de emissão *"qualquer instalação, equipamento ou processo, situado em local fixo, que libere ou emita matéria para a atmosfera, por emissão pontual ou fugitiva"*. A mesma resolução faz distinção deste tipo de fonte quanto às características de sua emissão, podendo estas ser uma emissão fugitiva ou ainda pontual:

> *"[...] emissão fugitiva: lançamento difuso na atmosfera de qualquer forma de matéria sólida, líquida ou gasosa, efetuado por uma fonte desprovida de dispositivo projetado para dirigir ou controlar seu fluxo [...] emissão pontual: lançamento na atmosfera de qualquer forma de matéria sólida, líquida ou gasosa, efetuado por uma fonte provida de dispositivo para dirigir ou controlar seu fluxo, como dutos e chaminés".*

Fontes móveis: todas as fontes não-estacionárias, como veículos, aviões, navios, trens etc.

O conhecimento da intensidade, distribuição e natureza das atividades urbanas que geram impactos na atmosfera é um fator determinante a ser incluído nos processos de acompanhamento da qualidade do ar em um determinado local. Por esse motivo, o inventário de emissões de fontes de poluentes é um instrumento imprescindível ao entendimento dos fatores que influenciam a qualidade do ar.

Um inventário de emissões é baseado em técnicas que se utilizam de "fatores de emissão" referentes a medidas de fontes específicas para um dado nível de atividade, possibilitando a informação de dados sobre estimativas de emissões de fontes com características similares. Este instrumento possibilita a elaboração de diagnósticos que permitem fortalecer as tomadas de decisões relativas ao licenciamento de atividades poluidoras e as eventuais ações de controle e mitigadoras necessárias.

Em ambientes urbanos, mesmo aqueles com atividades industriais, a maior parte das emissões está relacionada ao uso de veículos automotores e dependem de diversos fatores como a composição da frota, os combustíveis utilizados e as características do trânsito veicular.

As principais fontes fixas são as indústrias, refinarias e plantas de geração de energia. Os processos industriais incluem diversos setores como química, petroquímica e farmacêutica, óleo e gás natural, metalurgia, processamento de minerais, produção de solventes, plásticos, fibras, borrachas, produtos eletrônicos, máquinas, veículos, alimentos etc. que geram diversos poluentes. De uma forma genérica, os processos de combustão podem originar a emissão de material particulado, óxidos de enxofre e nitrogênio, monóxido de carbono e compostos orgânicos voláteis. Os processos industriais podem produzir material particulado, SO_2, HCl, hidrocarbonetos voláteis, HF, H_2S, óxidos de nitrogênio etc., dependendo do setor industrial.

No Quadro 5.1 são mostradas algumas fontes fixas importantes e os principais poluentes emitidos. Para um mesmo tipo de fonte, tanto os poluentes emitidos como suas quantidades variam muito dependendo do tamanho e características da fonte e das medidas mitigadoras que foram implementadas e, dessa forma o Quadro 5.1 é apenas indicativo dos casos mais frequentes.

Quadro 5.1 Alguns exemplos de fontes fixas e as principais emissões em processos típicos. A listagem inclui poluentes tóxicos (voláteis, semivoláteis e não voláteis), precursores de ozônio (principalmente óxidos de nitrogênio e compostos orgânicos voláteis) e gases de Efeito Estufa (CO_2, N_2O e CH_4)

Fonte	Principais poluentes
Indústrias agroquímicas (fertilizantes e pesticidas)	NH_3, SiF_4, HF, MP, P_2O_5, NO_x, ureia $(NH_4)_2SO_2$, $(NH_4)NO_3$, $(NH_4)_3NO_3SO_4$ HNO_3, H_2SO_4, HCN, H_2S SO_2, CO, CO_2, CH_4, COV Cd, Hg, Pb, radônio Carbamatos, clorofenóxicos, organoclorados, organofosforados, nitrocompostos, biopesticidas, heterociclos
Indústrias de corantes e pigmentos	COV, SO_2, NO_x, HCl
Indústrias farmacêuticas	COV, MP
Indústrias petroquímicas	MP, COV, SO_2, H_2S, CO, NO_x
Indústrias de aço e ferro	MP, SO_2, NO_x, HC, CO, HF
Indústrias de chumbo e zinco	MP, SO_2, NO_x
Indústrias de níquel	MP, SO_2, NO_x, NH_3, H_2S
Indústrias de alumínio	MP, Cl_2, NO_x, SO_2, HF, HCl, fluoretos
Indústrias de cobre	SO_2, MP, dioxinas, mercúrio e arsênio (vapor), subprodutos de Ag e Au
Indústrias de papel	MP, SO_2 e outros compostos com enxofre, dioxinas
Refinarias de petróleo	MP, CO, NO_x, CO_2, SO_x, COV
Usinas termoelétricas	CO_2, MP, NO_x, SO_x, CO
Lixões	CH_4, CO_2, N_2O, COV

Fonte: os autores

Em ambientes urbanos as emissões veiculares provenientes dos processos de combustão e evaporativas são, geralmente, as mais relevantes (Figura 5.3).

No Brasil os veículos leves utilizam gasolina C, também chamada de gasool, que contém uma mistura de gasolina pura (gasolina A, tal como produzida nas refinarias) e etanol anidro (em proporções que, segundo a época, variam de 22 a 27% v/v), etanol hidratado (a mistura azeotrópica de etanol e água) e gás natural veicular (GNV) composto maioritariamente por metano.

Em 2013, o Ministério do Meio Ambiente publicou um inventário nacional de emissões atmosféricas de veículos automotores. Mesmo estando desatualizado, esse documento permite entender as principais características das emissões veiculares no Brasil: automóveis, veículos comerciais leves, motocicletas, caminhões, micro-ônibus, ônibus urbanos e ônibus rodoviários. Essas emissões estão relacionadas aos processos de combustão, às perdas evaporativas e ao desgaste de pneus e freios.

A partir de 1991, como consequência dos avanços na legislação (PROCONVE e PROMOT), as emissões de CO caíram, aproximadamente, de 5,5 milhões de toneladas ano^{-1} para 1,3 milhões de toneladas ano^{-1} em 2012. Os veículos do ciclo Otto são responsáveis por aproximadamente 88% das emissões distribuídas em 47, 34 e 7% para os automóveis, motocicletas e veículos comerciais leves, respectivamente.

As emissões de hidrocarbonetos são devidas principalmente aos veículos leves (46%) e motocicletas (25%) e 98% das emissões de aldeídos (principalmente acetaldeído) são devidas ao etanol e gasolina.

As emissões de CO e hidrocarbonetos são devidas principalmente aos veículos que utilizam gasolina e etanol, as emissões de NO_x provêm, na sua maior parte, dos veículos que usam diesel (91%). As principais contribuições são dos caminhões pesados e semipesados que respondem por aproximadamente 50% das emissões, dos ônibus rodoviários (11%) e os caminhões médios e leves (20%). Da mesma forma, os veículos que utilizam diesel são responsáveis por aproximadamente 96% do material particulado, correspondendo aos caminhões pesados e semipesados 50%, aos médios e leves 24% e aos ônibus rodoviários 12%. No caso do material particulado, além das emissões devidas à combustão, que representam aproximadamente 60%, existe uma contribuição importante do desgaste de pneus e freios (26%) e do desgaste das rodovias, avenidas e ruas (15%). Esses dois últimos fatores são difíceis de controlar mesmo com a mudança de legislação.

Diversos estudos mostram que o material particulado emitido pelos veículos que utilizam diesel ou biodiesel contém quantidades importantes de compostos policíclicos aromáticos, e também, de seus derivados nitrogenados ou alquil-substituídos. Estes compostos são provenientes de diesel/biodiesel ou lubrificantes não queimados, de combustão incompleta ou de pirólise e suas maiores concentrações se encontram no material com diâmetro entre 30 nm e 2,5 μm. As concentrações e a distribuição dos mais abundantes depende de diversos fatores como as condições de operação do motor e a composição da mistura diesel/biodiesel.

Com a legislação que entrou em vigor em 1 de janeiro de 2022 (Resolução CONAMA 492/2018), as emissões dos veículos novos brasileiros (automóveis e veículos comerciais leves) serão ainda mais reduzidas, assim como as emissões evaporativas (0,5 g dia^{-1}). Os gases de escapamento desses veículos, abastecidos com gasolina ou etanol, não poderão exceder 1 mg km^{-1}, 15 mg km^{-1} e 6 mg km^{-1} para CO, aldeídos e material particulado, respectivamente. Para a soma de NMOG (gases orgânicos não metânicos) e NO$_x$ (NO$_x$ = NO$_2$ + NO) as emissões não poderão ultrapassar 80 e 140 mg km^{-1} para veículos de passageiros e veículos comerciais leves, respectivamente.

Assim, os valores apresentados no inventário nacional de emissões atmosféricas de veículos automotores (relativo à

2012) poderão mudar, mas irão manter a característica essencial de CO, hidrocarbonetos e aldeídos como marcadores do uso de gasolina e etanol, e NO_x e material particulado como marcadores de diesel.

Figura 5.3 Em ambientes urbanos as emissões veiculares provenientes dos processos de combustão (esquerda) e evaporativas (direita) são, geralmente, as mais relevantes.

Fonte: os autores

5.3 FONTES DE POLUIÇÃO INDOOR

A poluição *indoor* ou poluição ambiental interior, está relacionada às concentrações de poluentes ambientais que podem afetar a saúde e o bem-estar das pessoas. Segundo a Agência Nacional de Vigilância Sanitária (ANVISA) a Qualidade do Ar Interior é a "condição do ar ambiental de interior, resultante do processo de ocupação de um ambiente fechado com ou sem climatização artificial". A ANVISA ainda define o Padrão Referencial de Qualidade do Ar Interior como o *"marcador qualitativo e quantitativo de qualidade do ar ambiental interior, utilizado como sentinela para determinar a necessidade da busca das fontes poluentes ou das intervenções ambientais".*

O problema da poluição *indoor* se inicia nos tempos pré-históricos quando os seres humanos começaram a habitar regiões de clima temperado, sendo necessário, assim, construir locais fechados para morar, no interior dos quais eram utilizados combustíveis derivados de biomassa para cozinhar, aquecer e iluminar. Atualmente o problema da poluição *indoor* e os problemas de saúde relacionados, dependem da região do planeta. Se estima que no mundo aproximadamente três bilhões de pessoas usam combustíveis como carvão, madeira, resíduos de cultivos e excrementos de animais como fonte primária de energia doméstica. A queima desses combustíveis produz uma série de poluentes prejudiciais à saúde, como material particulado, monóxido de carbono, óxidos de nitrogênio (NO e NO_2), formaldeído e compostos policíclicos aromáticos (como benzo[a]pireno, que é sabidamente carcinogênico) e, no caso do carvão, óxidos de enxofre.

Nos países desenvolvidos, o progresso tecnológico e econômico tem levado ao uso de outras fontes de energia, como eletricidade e derivados do petróleo. Nesses países, geralmente os problemas de poluição *indoor* estão relacionados as emissões provenientes dos materiais de construção, adesivos, solventes, mobiliário, produtos e equipamentos de limpeza, aquecedores de gás ou querosene, fogões, fumaça de cigarros e veículos estacionados em garagens fechados, entre outros. Também a poluição de origem microbiana proveniente de bactérias e fungos vem se tornando um problema importante. O desenvolvimento de agentes biológicos é geralmente devido à umidade e ventilação deficiente dos ambientes internos. O excesso de umidade provoca a degradação de materiais e o crescimento de microrganismos, como fungos e bactérias, que levam à emissão de esporos, células, fragmentos e COV.

A tendência de construir os chamados "prédios selados" por diversos motivos relacionados a fatores estéticos, isolamento do ruído e da poeira exterior, e sistemas de refrigeração e aquecimento mais eficientes, levou ao aparecimento de outros poluentes do ar interior. Além disso, junto as mudanças arquitetônicas, surgiram no mercado novos produtos para forração, acabamento e mobiliário que contém substâncias nocivas, principalmente COV, que podem ser liberadas no ar interior.

Outro poluente que merece especial atenção é a fumaça de tabaco que contém milhares de compostos químicos e, em alguns ambientes fechados, pode ser a maior fonte de material particulado. Alguns compostos como nicotina e outros alcaloides derivados da nicotina, algumas nitrilas e alguns derivados da graxa da folha do tabaco, são quase que exclusivamente emitidos pela fumaça do tabaco. A nicotina é tóxica quando inalada, causando estresse excessivo nos sistemas circulatório e nervoso e tem sido relacionada ao aumento da suscetibilidade para o desenvolvimento de câncer.

Existem, também, problemas de poluição *indoor*, em ambientes de trabalho, relacionados a atividades específicas e que levam a problemas de saúde ocupacional.

A OSHA (*Occupational Safety and Health Administration*), nos Estados Unidos, classifica os poluentes de ar interior em três tipos principais: biológicos (causados por bactérias, fungos, vírus, pólen etc.), químicos (principalmente gases produzidos em processos de combustão, evaporação e emissão de diversos produtos e processos) e material particulado não biológico, suspenso no ar.

Os principais poluentes, não biológicos, em ambientes internos são:

- Dióxido de carbono, emitido em processos de combustão e por atividade metabólica;

- Monóxido de carbono, emitido na queima de combustíveis fósseis e por aquecedores, fogões e fumo de cigarros;

- Formaldeído, proveniente de materiais de construção e mobiliários;

- COV e compostos orgânicos semi-voláteis (COSV), devidos aos adesivos, solventes, materiais de construção e pintura, fumaça de cigarro, produtos e atividades de limpeza, impressoras e fotocopiadoras e volatilização de diversos produtos;

- Partículas de diferentes tamanhos, devidas a ressuspensão de poeira, fumaça de cigarros e processos de combustão. De uma forma geral, as partículas podem ser classificadas em partículas finas e partículas grossas. Sendo que as partículas de diâmetros menores que 2,5 µm podem penetrar os pulmões e as partículas de diâmetros menores que 10 µm, ou partículas inaláveis, podem penetrar o sistema respiratório superior.

5.4 INVENTÁRIOS DE EMISSÕES

A Agência Ambiental dos Estados Unidos (*United States Environmental Protection Agency*) define um inventário nacional de emissões como uma estimativa completa e detalhada das emissões de poluentes legislados, precursores desses poluentes e outros poluentes considerados perigosos para a saúde.

Nos Estados Unidos esses inventários são atualizados cada três anos seguindo metodologias bem estabelecidas e incluem a) fontes pontuais, como indústrias de grande porte, plantas de geração de energia, aeroportos, empreendimentos industriais e comerciais menores e, em alguns estados, postos de venda de combustíveis, instalações pecuárias e estabelecimentos de lavanderia e limpeza a seco; b) fontes fixas de pequeno porte, como aquecimento residencial e comercial e uso de solventes em residências e pequenos estabelecimentos; c) fontes móveis rodoviárias, como veículos automotores e o processo de recarga de combustível; outras fontes móveis, como trens, equipamento de construção e jardinagem, equipamento de suporte em aeroportos e portos e emissões dos aviões nas operações de pouso e decolagem; d) emissões em "eventos", como queimadas.

Da mesma forma, A Agência Ambiental Europeia (*European Envrionment Agency*) publica guias técnicas para a elaboração dos inventários nacionais anuais que incluem as emissões devidas aos processos de combustão (industriais, transporte terrestre, aéreo e marítimo e outras fontes menores), emissões fugitivas, processos industriais diversos (indústrias de minérios, químicas, metalúrgicas, solventes, de produção de papel e alimentos), produção de madeira e compostos orgânicos persistentes, atividades agrícolas, de tratamento de resíduos e fontes naturais.

Inventários de emissões completos e atualizados são a base para a elaboração de programas de gerenciamento e controle da qualidade do ar e permitem identificar as fontes e níveis de emissões e a conformidade com os padrões estabelecidos para desenvolver estratégias de controle e novas regulamentações. Fornecem, também, dados de entrada para o desenvolvimento de modelos preditivos da qualidade do ar, avaliação dos riscos para a saúde da população, identificação de áreas para instalação de estações de monitoramento da qualidade do ar e estabelecimento de estratégias para licenciamento ambiental.

As duas abordagens mais utilizadas para a elaboração de inventários são a *top-down* e a *bottom-up*. No primeiro caso são analisados dados de concentração dos diferentes poluentes e das atividades que são desenvolvidas em uma determinada região, e através de um modelo receptor são estimadas as contribuições de cada fonte. No segundo caso, são determinadas e compiladas as emissões de cada fonte o que permite, através de um modelo de dispersão, estimar o impacto sobre o ambiente. Na Figura 5.4 são ilustradas essas duas abordagens.

Figura 5.4 Abordagens *top-down* e *bottom-up* para a elaboração de inventários.

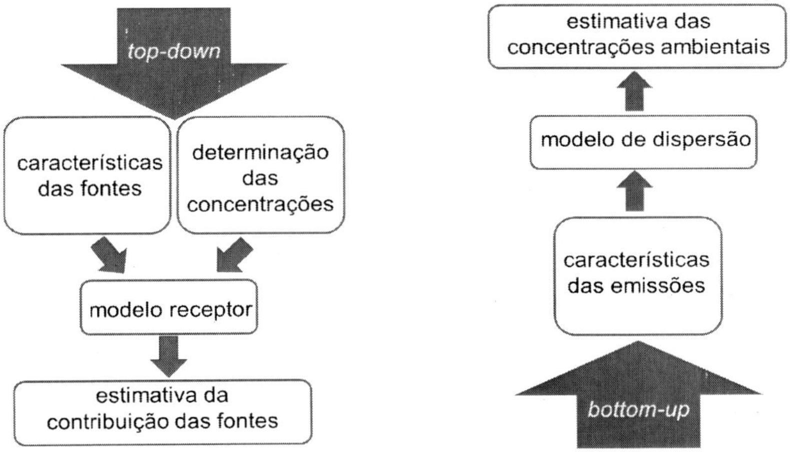

Fonte: os autores

No Brasil, através da Resolução CONAMA n° 5, de 15 de junho de 1989 foi instituído o Programa Nacional de Controle da Poluição do Ar (PRONAR) *"como um dos instrumentos básicos da gestão ambiental para proteção da saúde e bem--estar das populações e melhoria da qualidade de vida"*. As estratégias básicas do PRONAR para limitar as emissões, a nível nacional, incluem a determinação de limites máximos de emissão (quantidade máxima de poluentes permissível de ser lançada por fontes poluidoras), a adoção de padrões nacionais de qualidade do ar, a prevenção da deterioração significativa da qualidade do ar, monitoramento da qualidade do ar, gerenciamento do licenciamento de fontes emissoras e o inventário nacional de fontes poluentes do ar. A elaboração desse inventário tem como objetivo *"o desenvolvimento de metodologias que permitam o cadastramento e a estimativa das emissões, bem como o devido processamento dos dados referentes às fontes de poluição do ar"*. Tanto a implementação da rede de monitoramento nacional quanto a elaboração do inventário foram consideradas metas de médio prazo.

Nesse contexto, em 2013, foi publicado o Inventário Nacional de Emissões Atmosféricas por Veículos Automotores Rodoviários 2013: Ano base 2012, que atualiza o primeiro inventário lançado em 2011. O inventário considera as emissões de escapamento (monóxido de carbono, óxidos de nitrogênio, material particulado, aldeídos, hidrocarbonetos não-metano, metano, dióxido de carbono e óxido nitroso), emissões evaporativas (hidrocarbonetos não-metano) e emissões por desgaste de pneus, freios e pista. A frota foi categorizada em automóveis, motocicletas, comerciais leves, caminhões (semileves, leves, médios, semipesados e pesados), micro-ônibus e ônibus (urbanos e rodoviários). A realização deste tipo de inventário é muito complexa e envolveu a coleta de diversas informações e a participação de diversos setores. Para gasolina, etanol hidratado e óleo diesel, as emissões anuais de escapamento (E), foram calculadas utilizando uma abordagem *bottom-up*, com a equação geral (5.1):

$$E = Fr \times Iu \times Fe \qquad\qquad (5.1)$$

Onde:

Fr é a frota circulante (número de veículos do ano e modelo considerados) estimada a partir do histórico de vendas de veículos novos e as taxas de sucateamento;

Iu é a intensidade do uso do veículo do ano e modelo considerado, expressa em km ano-1, e estimada a partir de informações sobre vendas de combustíveis e quilometragem percorrida por cada litro de combustível;

> *Fe é o fator de emissão de cada poluente, expresso em termos de massa de poluente emitido por km percorrido, específico para cada tipo de veículo, ano e modelo. Para os veículos leves e motocicletas foram utilizados fatores reportados pela Companhia Ambiental do Estado de São Paulo (CETESB) e para veículos pesados do ciclo diesel, valores reportados pela CETESB e ensaios de motores realizados pela Mercedes-Benz e a Petrobras.*

Para os veículos movidos a GNV não existia detalhamento por idade de veículos ou procedência dos equipamentos de conversão e, por esse motivo, foi usada uma abordagem mais simples *top-down* a partir de dados de venda de GNV e estimativa da massa de poluente emitido a partir do volume de combustível consumido.

Esse inventário é o mais recente disponível (até o ano de 2022), mas contribui para o conhecimento da evolução da frota veicular, a contribuição de cada tipo de veículo e combustível e mostra a complexidade da elaboração de um inventário de emissões.

REFERÊNCIAS BIBLIOGRÁFICAS DESTE CAPÍTULO

ADACHI, K.; OSHLMA, N.; GONG, Z.; DE SÁ, S.; BATERMAN, A. P.; MARTIN, S. T.; DE BRITO, J. F.; ARTAXO, P.; CIRINO, G. G.; SEDLACEK III, A. J.; BUSEK, P. R. Mixing states of Amazon basin aerosol particles transported over long distances using transmission electron microscopy. *Atmospheric Chemical Physics*, v. 20, p. 11923-11939, 2020.

ANDREÃO, W. L.; ALONSO, M. F.; KUMAR, P.; PINTO, J. A.; PEDRUZZI, R.; ALBUQUERQUE, T. T. DE A. Top-down vehicle emission inventory for spatial distribution and dispersion modeling of particulate matter. *Environmental Science and Pollution Research International*, v. 27, n. 29, p. 35952-35970, 2020.

ALMEIDA, J. C. S.; MOREIRA, A.; MOREIRA, L. F.; ARBILLA, G. Primary emission ratios obtained from the monitoring of criteria pollutants in Rebouças Tunnel, Rio de Janeiro, Brazil. *Periódico Tchê Química*, v. 5, p. 1318, 2008.

ARBILLA, G.; SILVA, C. M. Floresta da Tijuca: uma Floresta urbana no Antropoceno. *Revista Virtual de Química*, v. 10, p. 1758-1791, 2018.

BLUTH, G. J. S.; DOIRON, S. D.; SCHNETZLER, C. C.; KRUEGER, A. J.; WALTER, L. S. Global tracking of the SO_2 clouds from the June, 1991 Mount Pinatubo eruptions. *Geophysical Research Letters*, v. 19, p. 151-154, 1992.

CORRÊA, S. M.; ARBILLA, G.; DA SILVA, C. M.; MARTINS, E. M.; SOUZA, S. L. Q. Determination of size-segregated polycyclic aromatic hydrocarbons and its nitro and alkyl analogs in emissions from diesel – biodiesel blends. Fuel, v. 283, 1p. 18912, 2021.

DANTAS, G.; SICILIANO, B.; FRANÇA, B. B.; ESTEVAM, D. O.; DA SILVA, C. M., ARBILLA, G. Using mobility restriction experience for urban quality management. *Atmospheric Pollution Research*, v. 12, p. 101119, 2021.

DE SÁ BORBA, P. F.; MARTINS, E. M.; RITTER, E.; CORRÊA, S. M. BTEX emissions from the largest landfill in operation in Rio de Janeiro, Brazil. *Bulletin of Environmental Contamination and Toxicology*, v. 98, p. 624-631, 2017.

DOS SANTOS, T. C.; DOMINUTTI, P. A.; PEDROSA, G. S.; COELHO, M. S.; NOGUEIRA, T.; BORBON, A.; SOUZA, S. R.; FORNARO, A. Isoprene in urban Atlantic forests: Variability, origin, and implications on the air quality of a subtropical megacity, *Science of the Total Environment*, v. 824, p. 153728, 2022.

EUROPEAN ENVIRONMENT AGENCY. EMEP/EEA Air pollutant emission inventory guidebook 2019. Disponível em: https://www. eea.europa.eu/publications/emep-eea-guidebook-2019.

GIODA, A.; BERINGUI, K.; JUSTO, E. P. S.; VENTURA, L. M. B.; MASSONE, C. G.; COSTA, S. S. L.; OLIVEIRA, S. S.; ARAUJO, R. G. O.; NASCIMENTO, N. DE M.; SEVERINO, H. G. S.; DUYCK, C. B.; SOUZA, J. R. DE; SAINT PIERRE, T. D. A review on atmospheric analysis focusing on public health, environmental legislation and chemical characterization. *Critical Reviews in Analytical Chemistry*, 2021. DOI: 10.1080/10408347.2021.1919985.

GODOY, M. L. D. P.; ALMEIDA, A. C.; TONIETTO, G. B.; GODOY, J. M. Fine and Coarse Aerosol at Rio de Janeiro prior to the Olympic Games: Chemical Composition and Source Apportionment. *Journal of the Brazilian Chemical Society*, v. 29, p. 499-508, 2018.

GUARIEIRO, A. L. N.; SANTOS, J. V. DA S.; EIGUREN-FERNANDEZ, A., TORRES, E.; A., DA ROCHA, G. O.; DE ANDRADE, J. B. Redox activity and PAH content in size-classified nanoparticles emitted by a diesel engine fuelled with biodiesel and diesel blends. *Fuel*, v. 16, p. 490-497, 2014.

INSTITUTO DE ENERGIA E MEIO AMBIENTE (IEMA). Geração termoelétrica e emissões atmosféricas: poluentes e sistemas de controle. 2016. Disponível em: https://iema-site-staging. s3.amazonaws.com/IEMA-EMISSOES.pdf.

LANGFORD, B.; HOUSE, E.; VALACH, A.; HEWITT, C. N.; ARTAXO, P.; BARKLEY, M. P.; BRITO, J.; CARNELL, E.; DAVISON, B.; MACKENZI, A. R.; MARAIS, E.; A; NEWLAND, M. J.; RICKARD, A. R.; SHAW, M. D.; YÁÑEZ-SERRANO, A. M.; NEMITZ, E. Seasonality of isoprene emissions and oxidation products above remote Amazon. Environmental Science: Atmospheres, v. 2, p. 230-240, 2022.

LOUREIRO, L. N. *Panorâmica sobre emissões atmosféricas. Estudo de caso. Avaliação do inventário de emissões atmosféricas da Região Metropolitana do Rio de Janeiro para fontes móveis.* Dissertação (Mestrado em Planejamento Energético) – Universidade Federal do Rio de Janeiro, Rio de Janeiro, 2005. Disponível em: http://www.ppe.ufrj.br/index.php/pt/publicacoes/dissertacoes/2005/1098-panoramica-sobre-emissoes-atmosfericas-estudo-de-caso-avaliacao-do-inventario-deemissoes-atmosfericas-da-regiao-metropolitana-do-rio-de-janeiro-para-fontes-moveis.

MARIANO, J. B. *Impactos Ambientais do Refino de Petróleo.* Dissertação (Mestrado em Planejamento Energético) – Universidade Federal do Rio de Janeiro, Rio de Janeiro, 2021. Disponível em: http://antigo.ppe.ufrj.br/ppe/production/tesis/jbmariano.pdf.

Ministério do Meio Ambiente. Inventário Nacional de Emissões Atmosféricas. 2013. Ano base de 2012. Disponível em: https://iema-site-staging.s3.amazonaws.com/2014-05-27inventario2013.pdf.

PIRES, D. O. A aplicação da ferramenta inventário de emissões atmosféricas na gestão da poluição do ar na Região Metropolitana do Rio de Janeiro. Dissertação (Mestrado em Planejamento Energético) – Universidade Federal do Rio de Janeiro, Rio de Janeiro, 2005. Disponível em: http://www.ppe.ufrj.br/index.php/pt/publicacoes/dissertacoes/2005/1105-inventario-de-emissoes-atmosfericas-de-fontes-estacionarias-e-sua-contribuicao-para-a-poluicao-do-ar-na-regiao-metropolitana-do-rio-de-janeiro.

QUITÉRIO, S. L.; LOYOLA, J.; ALMEIDA, P. B.; VIVIANE, V.; ARBILLA, G. Particulate Matter and Associated Metal Levels in a Conservation Area in the Remaining Tropical Forest of Mata Atlântica, Brazil. *Bulletin of Environmental Contamination and Toxicology*, v. 77, p. 651-657, 206.

RESOLUÇÃO CONAMA Nº 5, de 15 de junho de 1989. Disponível em: https://www.suape.pe.gov.br/images/publicacoes/resolucao/Resolu%c3%83%c2%a7%c3%83%c2%a3o_CONAMA_005.1989.pdf.

RESOLUÇÃO CONAMA Nº 436, de 22 de dezembro de 2011. Disponível em: https://www.normasbrasil.com.br/norma/resolucao-436-2011_114141.html.

RESOLUÇÃO CONAMA Nº 492, de 20 de dezembro de 2018. Disponível em: https://www.in.gov.br/materia/-/asset_publisher/Kujrw0TZC2Mb/content/id/56643907/do1-2018-12-24-resolucao-n-492-de-20-de-dezembro-de-2018-56643731

SILVA, C. M.; ARBILLA, G. Poluição Indoor. *Revista de Química Industrial*, v. 757, p. 19-28, 2017.

SILVA, C. M.; TSURUTA, F.; VIEIRA, F.; ARBILLA, G. Simulação das trajetórias de poluentes em eventos naturais e antropogênicos. *Revista Virtual de Química*, v. 10, p. 1828-1848, 2018.

US EPA. National Emissions Inventory (NEI). Disponível em: https://www.epa.gov/air-emissions-inventories/national-emissions-inventory-nei.

VALLERO, D. A. *Fundamentals of Air Pollution*. 4th Edition. Elsevier. 2008.

CAPÍTULO 6:

EFEITOS DA POLUIÇÃO SOBRE A SAÚDE E MEIO AMBIENTE

Segundo a OMS, a exposição à poluição do ar causa milhões de mortes por ano, especialmente nos países com menos recursos. Se estima que atualmente as doenças e mortalidade devidas à poluição do ar são o maior risco ambiental à saúde humana e se equiparam as causadas por problemas de alimentação e tabagismo.

A partir de 1990, a qualidade do ar nos países mais desenvolvidos tem melhorado de forma significativa, entanto que nos países com rendas baixas e médias tem, em geral, piorado devido a industrialização, urbanização e uso de combustíveis fósseis, especialmente carvão.

Existem fortes evidências de que a poluição do ar está relacionada a doenças e morte prematura por problemas cardiovasculares, pulmonares e câncer de pulmão e outras evidências mais recentes de que também está relacionada a outros problemas de saúde e, inclusive, a problemas cognitivos e neurológicos.

6.1 RECOMENDAÇÕES DA ORGANIZAÇÃO MUNDIAL DA SAÚDE E OS POLUENTES CLÁSSICOS (LEGISLADOS NO BRASIL)

Desde 1987, a OMS tem compilado e analisado diversos relatórios e artigos científicos e produzido recomendações sobre níveis máximos toleráveis para os poluentes considerados mais críticos (material particulado, ozônio, dióxido de nitrogênio, dióxido de enxofre e monóxido de carbono). Um dos mais conhecidos foi o Guia de Qualidade do Ar publicado em 2006 (*Air quality guidelines – global update 2005*) que se estabeleceu como uma referência a nível mundial e foi utilizada por diversos países para atualizar as suas respectivas legislações. Esse documento estimulou os esforços para o controle da qualidade do ar nesses países e, também, novas pesquisas sobre os efeitos da poluição na saúde das pessoas.

Os documentos da OMS, principalmente o Guia de Qualidade do Ar atualizado em 2005, foram importantes ao servir como referência para a legislação e ao fornecer evidência científica para estabelecer padrões de qualidade do ar, e por esse motivo a OMS em colaboração com o Instituto de Saúde Pública da Suíça (*Swiss TPH*) compilaram os dados para determinar quantos países membros das Nações Unidas utilizavam informações da OMS ou tinham algum tipo de legislação ambiental. Como mostrado no Quadro 6.1, de 170 países participantes do levantamento, 53 não tinham nenhum padrão de qualidade do ar para nenhum poluente, entanto que 24 países não forneceram informações. Assim, apenas 60% dos países tinham, na época, algum tipo de legislação de controle ambiental no referido a qualidade do ar.

EFEITOS DA POLUIÇÃO **95**

Quadro 6.1 Número de países, nas diferentes regiões do mundo, que possuíam algum tipo de legislação de controle da qualidade do ar em 2017

Região	Número de países (n)	Países com padrões pelo menos para um poluente		Países que não têm padrões de qualidade do ar		Países que não forneceram informações	
		n	%	n	%	n	%
África	47	17	36	21	45	9	19
América	35	20	57	13	37	2	6
Sudeste asiático	11	7	64	3	27	1	9
Europa	53	50	94	2	4	1	2
Região mediterrânea (leste)	21	11	52	1	5	9	43
Região do Pacífico (oeste)	27	12	44	13	48	2	7
Total	194	117	60	53	27	24	12

Fonte: Adaptado de OMS (2021) e Kutlar Joss *et al.* (2017)

Quadro 6.2 Principais efeitos dos poluentes legislados sobre a saúde, conforme os documentos da OMS publicados em 2021

Poluente	Efeitos da exposição a longo prazo	Efeitos da exposição a curto prazo
MP_{10} e $MP_{2,5}$	-Mortalidade por efeitos cardiovasculares (por exemplo, doença arterial coronariana e doença cerebrovascular) -Mortalidade por efeitos no sistema respiratório (por exemplo, obstrução pulmonar crônica e infecções agudas) -Câncer de pulmão -Outros efeitos que podem levar à morte	-Mortalidade por efeitos cardiovasculares -Mortalidade por efeitos no sistema respiratório -Outros efeitos que podem levar à morte
O_3	-Mortalidade por efeitos no sistema respiratório -Outros efeitos que podem levar à morte	Internações hospitalares de emergência relacionadas à asma -Outros efeitos que podem levar à morte
NO_2	-Mortalidade por efeitos no sistema respiratório -Outros efeitos que podem levar à morte	Internações hospitalares de emergência relacionadas à asma -Outros efeitos que podem levar à morte
CO		Internações hospitalares de emergência relacionadas à doença arterial coronariana
SO_2		-Internações hospitalares de emergência relacionadas à asma e outros efeitos respiratórios -Outros efeitos que podem levar à morte

Fonte: OMS. *WHO global air quality guidelines,* 2021

Como consequência das novas pesquisas, a 66ª Assembleia da Saúde Mundial (*66º World Health Assembly*) redigiu um novo documento, aprovado por 194 Estados Membros em 2015, alertando sobre a necessidade de novos estudos e revisão dos padrões de qualidade do ar. Esse documento e os Objetivos do Desenvolvimento Sustentável Agenda 2030, que consideram a saúde e qualidade de vida como objetivos fundamentais para o desenvolvimento sustentável, levaram a publicação de um novo Guia de Qualidade do Ar no ano de 2021, no qual foram sugeridos novos limites (que serão discutidos no Capítulo 8) e atualizadas as informações sobre os efeitos da exposição aos poluentes clássicos, a curto e longo prazo, como mostrado no Quadro 6.2.

6.2 OUTROS DOCUMENTOS PUBLICADOS PELA ORGANIZAÇÃO MUNDIAL DA SAÚDE

No Quadro 6.3 são listados os principais documentos publicados pela OMS desde 1987 compilando os efeitos da poluição sobre a saúde das pessoas. Esses documentos, que podem ser consultados na *homepage* da OMS, mostram a evolução dos estudos e a inclusão de novos compostos ao longo dos anos.

Quadro 6.3 Alguns documentos publicados pela OMS mostrando a evolução dos estudos sobre os efeitos da poluição do ar na saúde das pessoas

Documento	Observações
Air quality guidelines for Europe (1987)	Neste documento foram contemplados 28 poluentes do ar, tanto para ambientes internos quanto externos. Foram listados os poluentes considerados carcinogênicos, para os quais não existem níveis seguros: arsênico, acrilonitrila, cromo VI, níquel, asbestos, radônio e compostos policíclicos aromáticos que afetam os pulmões, benzeno, que pode levar à leucemia, cloreto de vinil que afeta principalmente o fígado. Para os 19 poluentes não carcinogênicos foram usados conceitos toxicológicos e de efeitos adversos. Sendo os mais importantes, cádmio, chumbo, material particulado (como fumaça), ozônio, dióxido de enxofre e nitrogênio, formaldeído e tolueno. Foram listados também, compostos prejudiciais à vegetação (dióxido de nitrogênio e de enxofre, ozônio, compostos nitrogenados e peroxiacetilnitrato).
Air quality guidelines for Europe, second edition (2000)	Foram avaliados 35 compostos ao total: os 28 contidos no guia de 1987, outros poluentes orgânicos (butadieno, que é carcinogênico, bifenilos policlorados, dibenzodioxinas policloradas e dibenzofuranos policlorados) e inorgânicos. O guia classifica os compostos em poluentes clássicos, orgânicos, inorgânicos e *indoor* (radônio, fumo de tabaco e fibras de vidro). É importante a inclusão do fumo de tabaco, tanto para fumantes quanto para não fumantes expostos a ambientes com fumo, pela variedade de compostos (entre eles nicotina e material particulado) que podem causar diversos efeitos, tais como aumento do risco de doenças cardiovasculares e risco de câncer de pulmão, irritação dos olhos e sistema respiratório, menor peso ao nascer para filhos de mães expostas e, nas crianças, risco de pneumonia, bronquite, crises asmáticas e secreção no sistema auditivo.
Air quality guidelines – global update 2005. Publicado em 2006	Este guia já foi discutido nos itens anteriores e dedicou especial atenção aos poluentes clássicos (material particulado, O_3, NO_2 e SO_2). Pela primeira vez o material particulado foi incluído e foram avaliados seus efeitos sobre a saúde.

EFEITOS DA POLUIÇÃO

99

WHO guidelines for indoor air quality: dampness and mould (2009)	Neste documento são discutidos os efeitos a saúde provenientes de poluição *indoor* causada por microrganismos (fungos e bactérias, especialmente mofo em ambientes mal ventilados). Os estudos resumidos no documento indicam que os efeitos mais importantes são doenças respiratórias, alergia, asma e perturbações no sistema imunológico.
WHO guidelines for indoor air quality: selected pollutants (2010)	Neste documento são discutidos os efeitos de alguns poluentes selecionados, presentes em ambientes internos. Benzeno: é uma substância carcinogênica e genotóxica, não havendo limite seguro de exposição. Monóxido de carbono: uma intoxicação leve pode produzir quadros de cefaleia, mal-estar, tontura e náuseas. Já intoxicações graves levam a perda da capacidade de locomoção e falta de coordenação, perda da memória e distúrbios neuropsiquiátricos. Formaldeído: concentrações relativamente baixas causam irritação dos olhos e sensorial. Exposições a longo prazo podem levar a consequências sérias como risco de câncer de nasofaringe, leucemia, cavidade nasal e de seios paranasais, pulmão e outros. Naftaleno: é um possível cancerígeno, causando lesões no sistema respiratório e epitélio nasal. Dióxido de nitrogênio: causa decréscimo na função pulmonar, especialmente de pessoas asmáticas. Hidrocarbonetos policíclicos aromáticos: alguns deles são carcinogênicos ou possivelmente carcinogênicos, especialmente para o sistema respiratório. Radônio: pode levar a câncer nos pulmões, existindo evidências que pode, também, afetar outras partes do sistema respiratório. Tricloroetileno: considerado carcinogênico (rim, fígado, linfoma não-Hodgkin, cervical), podendo causar esclerodermia e problemas reprodutivos. Tetracloetileno: provável cancerígeno com aumento do risco de câncer de esófago e cervical.
WHO guidelines for indoor air quality: household fuel combustion (2014)	Este documento está dedicado especialmente aos danos à saúde devidos às emissões de monóxido de carbono e material particulado fino pelo uso de querosene e carvão e recomenda a transição para outros combustíveis menos poluentes.

Fonte: OMS (diversos documentos listados nas referências do Capítulo)

6.3 EFEITOS DO MATERIAL PARTICULADO SOBRE A SAÚDE DAS PESSOAS

Os principais efeitos do material particulado sobre a saúde das pessoas foram listados no Quadro 6.2. A penetração das partículas no sistema respiratório depende de seu tamanho, que pode variar entre uns poucos nanômetros e até 100 μm (Capítulo 4). No Quadro 6.4 é mostrada a penetrabilidade das partículas conforme seu tamanho.

Quadro 6.4 Grau de penetração do material particulado no sistema respiratório

Tamanho (μm)	Grau de penetração no sistema respiratório
> 11	Vias aéreas superiores
7-11	Cavidade nasal
4,7-7	Laringe
3,3-4,7	Área da traqueia e brônquios
2,1-3,3	Área bronquial secundária
1,1-2,1	Área bronquial terminal
0,65-1,1	Bronquíolos
0,43-0,65	Alvéolos

Fonte: Manisalidis *et al.*, 2020

Como mostrado no Quadro 6.4, o MP_{10} e $MP_{2,5}$ penetram o sistema respiratório, sendo que as partículas menores atingem a área da traqueia e brônquios. Os efeitos do material particulado ocorrem tanto para a exposição de curto prazo (horas ou dias) quanto de longo prazo (meses ou anos) e incluem: a) efeitos cardiovasculares e respiratórios, como agravamento da asma, dificuldade para respirar e maior número de internações hospitalares; b) aumento de mortalidade por doenças respiratórias e cardiovasculares e câncer de pulmão. Dados divulgados pela OMS, indicam que se estima que, em nível global, 3% das doenças cardiovasculares e 5% dos casos de câncer de pulmão são atribuíveis ao material particulado.

Referente ao agravamento de doenças, existem fortes evidências dos efeitos do MP_{10} para a exposição a curto prazo, porém a mortalidade, especialmente no caso de exposição ao longo prazo, está relacionada principalmente ao $MP_{2,5}$ por sua maior penetrabilidade no sistema respiratório. Baseada em diversos estudos, a OMS estima que um aumento de 10 µg m^{-3} nas concentrações de PM_{10}, pode levar a um acréscimo de 0,2-0,6% na mortalidade, enquanto um aumento de 10 µg m^{-3} nas concentrações de $PM_{2,5}$, pode ocasionar um acréscimo de 6-13% na mortalidade devida aos efeitos de longo prazo. Esses resultados para $PM_{2,5}$ indicam a importância da redução dos valores máximos recomendados pela OMS de 10 µg m^{-3} (em 2005) para 5 µg m^{-3} (em 2021) para as médias anuais e a necessidade de redução dos valores indicados pela legislação brasileira em 2018 (20 e 10 µg m^{-3}, respectivamente, para o primeiro valor intermediário (vigente em 2022) e o valor final).

Os grupos populacionais mais suscetíveis são pessoas com doenças cardiovasculares ou pulmonares preexistentes, idosos e crianças, não existindo níveis seguros de exposição, abaixo do qual não seja observado nenhum efeito. Além disso, considerando que essa exposição, especialmente nos centros urbanos, é ubíqua e involuntária, o problema torna-se mais grave desde o ponto de vista da saúde pública.

6.4 EFEITOS DOS HIDROCARBONETOS POLICÍCLICOS AROMÁTICOS SOBRE A SAÚDE DAS PESSOAS

No Quadro 6.2 foram listados os principais efeitos sobre a saúde dos poluentes legislados. Porém, como mostrado em forma resumida no Quadro 6.3, muitos outros poluentes podem ocasionar graves riscos à saúde.

Entre eles se encontram os hidrocarbonetos policíclicos aromáticos (HPA), que são emitidos por fontes antropogênicas, principalmente a combustão incompleta e pirólise de material orgânico (por exemplo, emissões veiculares, aquecimento e cocção dos alimentos) e pela queima de resíduos da agricultura. A exposição acontece geralmente por inalação, contato pela pele e ingestão de alimentos contaminados. Os HPA de maior massa molecular estão associados ao material particulado e, por esse motivo, sua permanência na atmosfera é maior. Aproximadamente, 70-90% dos HPA em ar ambiente estão associados a aerossóis (principalmente material particulado fino $MP_{2,5}$). As evidências científicas mostram que a presença de HPA no ar atmosférico está associada a um aumento na incidência de câncer (principalmente de pulmão e de mamas) nas populações expostas, inclusive crianças. Estudos epidemiológicos mostram que estes compostos estão relacionados com o aumento das doenças pulmonares, asma e doenças cardiovasculares. Existem também evidências limitadas de danos nas funções cognitivas e comportamentais de crianças.

A Agência Ambiental dos Estados Unidos (US EPA) e a Comissão Europeia identificaram os 24 HPA mais importantes quanto aos riscos para a saúde, entanto que a US EPA listou os 16 HPA considerados prioritários para controle e estudo (chamados de HPA16). A Agência Internacional para Pesquisas sobre Câncer (IARC), classifica estes compostos em três grupos: Grupo 2A (possivelmente carcinogênicos), 2A (provavelmente carcinogênicos) e 1 (carcinogênicos para humanos). Atualmente o único incluído no Grupo 1 é o benzo[a]pireno (B[a]P). Porém, outros HPA, como o dibenzo[ah]pireno são potencialmente mais perigosos, mas ainda constam no Grupo 2A porque não existem estudos suficientes em seres humanos.

No caso das crianças, foram realizados até o presente poucos estudos, mas estes sugerem que os efeitos são genéticos e acontecem no período pré-natal ou logo após o nascimento, podendo ocasionar tumores no cérebro, leucemia, neuroblastomas, nefroblastomas e retinoblastomas (tumores embrionários).

6.5 EFEITOS DA POLUIÇÃO DO AR SOBRE A SAÚDE DAS CRIANÇAS

Segundo a OMS e a Organização Panamericana de Saúde (OPAS), a poluição do ar tem um impacto devastador na saúde e sobrevida das crianças. Dados publicados em 2018 indicam que, em nível global, 93% das crianças vivem em ambientes com níveis de poluição acima dos recomendados pela OMS e que mais de uma em cada quatro mortes de crianças com menos de 5 anos está direta ou indiretamente relacionada aos riscos ambientais. A poluição do ar, tanto em ambientes externos quantos internos, contribui para infeções do trato respiratório e resultou, em 2016, na morte de 543 mil crianças menores de 5 anos. Embora a poluição do ar seja um problema global, as doenças atribuíveis ao material particulado são mais frequentes nos países de baixa e média renda (PBMRs), especialmente nas regiões da África, Sudeste Asiático, Mediterrâneo Oriental e Pacífico Ocidental. Os PBMRs dessas regiões (especialmente na África) tem os mais altos níveis de exposição à poluição do ar domiciliar devido ao uso generalizado de combustíveis e tecnologias poluentes para suprir as necessidades básicas como cozinhar, aquecer e iluminar. Assim, a pobreza está correlacionada com uma grande exposição a riscos ambientais e pode agravar os efeitos nocivos da poluição do ar sobre a saúde por limitar o acesso à informação, ao tratamento médico e a outros recursos de atenção e saúde.

Os relatórios da OMS indicam que as principais causas de morte prematura de crianças menores de cinco anos são nascimento prematuro (18%) e infeção respiratória aguda (16%). A probabilidade global de morte antes dos cinco anos por cada 1.000 nascidos vivos é 38, sendo de 74 na África e 4 na Europa. No Brasil, esse número está no intervalo 12-15, um valor relativamente alto em comparação com os Estados Unidos e Canadá (5) e Europa ocidental (3).

A Figura 6.1 divulgada pela OMS e a OPAS em 2018, mostra a proporção de crianças, com menos de 5 anos, expostas a níveis de $MP_{2,5}$ superiores aos recomendados na época (relativos ao Guia de qualidade do ar de 2005). Nesses mesmos relatórios foi informado que esse número correspondia a aproximadamente 630 milhões de crianças com menos de 5 anos em todo o mundo, sendo 98% de todas as crianças nos PBMRs, 52% nos PARs (países de alta renda), 100% nos PBMRs das regiões africana e do Mediterrâneo oriental, 99% nos PBMRs da região do sudeste Asiático, 98% nos PBMRs da região do Pacífico Ocidental e 87% nos PBMRs na região das Américas.

Figura 6.1 Proporção de crianças com menos de 5 anos de idade que vivem em áreas onde os níveis de poluição por $MP_{2,5}$ eram (em 2016) maiores que os recomendados pela OMS.

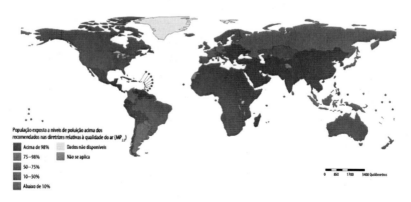

Fonte: OMS e OPAS, 2018

Segundo a OMS, os principais efeitos da poluição do ar na saúde das crianças são:

- Efeitos adversos ao nascimento: vários estudos mostraram uma associação significativa entre a exposição à poluição ambiental e efeitos adversos ao nascimento, especialmente a exposição a material particulado, SO_2, NO_x, O_3 e CO (ou seja, os poluentes considerados críticos pela OMS e legislados no Brasil). Existem fortes evidências de que a exposição ao MP está associada ao baixo peso ao nascer, e evidências crescentes de que a exposição materna (durante a gestação) ao material particulado fino aumenta o risco de parto prematuro. Existem evidências emergentes (que ainda precisam de maiores estudos e confirmação) da associação entre poluição do ar e efeitos como bebês natimortos e de baixo peso e estatura para a idade gestacional.

- Mortalidade infantil: existem evidências convincentes de uma associação entre a poluição do ar (especialmente exposição aguda) e a mortalidade infantil e um aumento dos riscos na medida que a concentração de material particulado aumenta.

- Neurodesenvolvimento: um número crescente de estudos sugere que a exposição pré e pós-natal à poluição do ar pode afetar negativamente o desenvolvimento neurológico, piorar os resultados de testes cognitivos e influenciar o desenvolvimento de doenças comportamentais, como os transtornos de espectro autista e transtorno de déficit da atenção e hiperatividade. Existem fortes evidências de que a exposição ao ar ambiente poluído pode afetar negativamente o desenvolvimento mental das crianças.

- Obesidade infantil: Um número limitado de estudos sugere uma possível associação entre a exposição à poluição e certos resultados metabólicos adversos nas crianças, como, por exemplo, resistência à insulina.

- Função pulmonar: Existem evidências sólidas de que a exposição à poluição do ar, mesmo em níveis baixos, prejudica a função pulmonar de crianças e impede seu desenvolvimento. Também existem evidências de que a exposição pré-natal pode estar relacionada a um pior desenvolvimento pulmonar e a uma pior função pulmonar na infância.

- Infecções respiratórias agudas: existem evidências sólidas de que a exposição a $MP_{2,5}$, NO_2 e O_3 está associada a pneumonia e outras infecções respiratórias em crianças pequenas e há evidências de que o material particulado tem um efeito especialmente forte.

- Asma: existem evidências substanciais de que a exposição à poluição atmosférica aumenta o risco de desenvolvimento de asma em crianças e de que a inalação de poluentes também exacerba a asma infantil. Outras evidências, ainda em desenvolvimento, mostram que a exposição a poluição do ar de interiores (resultante da utilização de combustíveis e tecnologias poluentes) também está associada ao desenvolvimento e exacerbação da asma em crianças.

- Otite média: Existem evidências consistentes sobre o efeito da poluição do ar ambiente e estudos em desenvolvimento sobre o efeito da poluição de ambientes internos sobre a ocorrência e risco de otite média em crianças.

- Câncer na infância: existem evidências substanciais de que a exposição à poluição relacionada às emissões veiculares, está associada a um maior risco de leucemia infantil e que a exposição pré-natal aumenta o risco de retinoblastomas e leucemia.

Finalmente, é importante mencionar que crianças expostas à poluição do ar no período pré-natal e no início da vida têm mais probabilidade de sofrerem efeitos adversos enquanto amadurecem e durante a vida adulta. A exposição durante o início da vida pode prejudicar o desenvolvimento pulmonar, reduzir a função pulmonar, aumentar o risco de doença pulmonar crônica durante a vida adulta e predispor a doenças cardiovasculares mais tarde na vida. Dessa forma, investir na melhoria das condições ambientais em que as crianças moram e se desenvolvem é fundamental para assegurar a saúde não só durante essa fase, mas durante a vida adulta.

6.6 EFEITOS DE POLUENTES SOBRE O MEIO AMBIENTE

A poluição do ar ambiente produz, também, efeitos negativos em plantas e animais. Nos animais, os efeitos são similares aos causados nos seres humanos, e os mais frequentes são danos ao sistema respiratório, mas também têm sido reportados danos neuronais, irritação na pele e, inclusive, ao sistema reprodutivo. No caso das plantas (silvestres e cultivadas) foi observada uma diminuição do crescimento. O ozônio troposférico produz danos aos estômatos, que são as estruturas que garantem a realização das trocas gasosas e estão em maior quantidade nas folhas.

Além desses efeitos diretos, os poluentes podem ser depositados nos solos ou nos sistemas aquáticos e, através deles, entrar nos organismos vivos onde são acumulados.

Outros efeitos sobre o meio ambiente incluem chuva ácida, depleção da camada de ozônio, Mudanças Climáticas globais e alterações nos ciclos do nitrogênio e fósforo que causam mudanças e desequilíbrio nos parâmetros do sistema Terra e, podem levar a impactos na biodiversidade e extinção de espécies.

Como foi discutido no Capítulo 3, a chuva ácida resultante das emissões de óxidos de enxofre e nitrogênio que são oxidados aos respectivos ácidos incorporando-se às nuvens e chuva, produz danos à vegetação, aumenta a acidez dos solos e da água e pode danificar as estruturas de edifícios e destruir monumentos históricos e prédios antigos. Outro fenômeno, também relatado no Capítulo 3, é a neblina ou nevoeiro causado por partículas finas dispersas na atmosfera, geralmente ocasionado por emissões industriais, uso de carvão e outros combustíveis fósseis (especialmente diesel) que leva à diminuição da visibilidade e danos à flora e fauna.

As reações de formação de ozônio na atmosfera foram discutidas no Capítulo 4. Na troposfera esses processos dependem das concentrações e distribuição (especiação) dos compostos orgânicos voláteis, as concentrações dos óxidos de nitrogênio, radicais hidroxila e radiação solar, sendo maiores em ambientes urbanos industrializados com relações COV/NO_x altas. Enquanto o ozônio troposférico causa danos à vegetação e aos animais, o ozônio na estratosfera formado nos processos fotoquímicos que envolvem oxigênio atômico e molecular, evita a chegada da radiação ultravioleta de menores comprimentos de onda (UV-B) à superfície da Terra, que pode ocasionar câncer de pele, cataratas e danos ao sistema imunológico humano, restringir o desenvolvimento das plantas, peixes e animais aquáticos e a formação de fitoplâncton.

A depleção da camada de ozônio, reportada pela primeira vez em 1985 (mas iniciada provavelmente em 1977) é ocasionada pela emissão de gases como os clorofluorcarbonos (CFC), que contêm átomos de cloro, e compostos bromados. A diminuição da coluna de ozônio, chamada popularmente de "buraco na camada de ozônio" acontece principalmente na região da Antártica durante a primavera e está relacionada a reações heterogêneas das espécies cloradas na superfície das nuvens polares estratosféricas e as condições climáticas, principalmente o vórtex polar antártico.

Em 2017, pela primeira vez, foram divulgados os resultados de um estudo de longo prazo, baseado nas imagens do satélite *Aqua* da NASA que usa o instrumento AORS (*Atmospheric Infrarred Sounder*). Nesse estudo realizado entre 2002 e 2016 foram identificadas concentrações crescentes de NH_3 na atmosfera nas regiões cultivadas dos Estados Unidos, Europa, China e Índia, relacionadas provavelmente ao aumento no uso de fertilizantes, dejetos do gado e aquecimento dos solos que, por esse motivo, retém menos amônia. Esses fatores levam a uma alteração do ciclo do nitrogênio, deterioração da qualidade do ar e da água, eutrofização em corpos de água e formação de aerossóis.

As Mudanças Climáticas globais serão abordadas no Capítulo 9, estando relacionadas a emissão dos chamados gases de Efeito Estufa e levando a diversas consequências como eventos climáticos extremos, acidificação e aquecimento dos oceanos, derretimento das calotas polares e ameaça ao equilíbrio dos ecossistemas.

6.7 POLUIÇÃO DO AR NA AGENDA 2030 (OBJETIVOS DE DESENVOLVIMENTO SUSTENTÁVEL)

O problema da qualidade do ar está contemplado nos ODS (Figura 6.2) desde diversos pontos de vista, principalmente, saúde, energia, cidades e comunidades sustentáveis e parcerias entre os diversos sectores:

- *Objetivo 3*, saúde e bem-estar, que se destina a assegurar uma vida saudável e promover o bem-estar para todas e todos, em todas as idades, e particularmente na sua meta 3.9 propõe ações para reduzir substancialmente o número de mortes e doenças causadas por produtos químicos e perigosos e por contaminação e poluição do ar, da água e do solo;

- *Objetivo 7*, assegurar o acesso confiável, sustentável, moderno e a preço acessível à energia para todas e todos, principalmente no que se refere a aumentar a eficiência energética, usar fontes de energia renováveis e mais limpas, expandir a infraestrutura e modernizar a tecnologia para serviços de energia sustentáveis;
- *Objetivo 11* (cidades e comunidades sustentáveis), que propõe tornar as cidades e os assentamentos humanos inclusivos, seguros, resilientes e sustentáveis e, em sua meta 11.6 dispões sobre a necessidade de medidas para reduzir o impacto ambiental negativo per capita das cidades, inclusive prestando especial atenção à qualidade do ar, gestão de resíduos municipais e outros;
- *Objetivo 17* (fortalecer os meios de implementação e revitalizar a parceria global para o desenvolvimento sustentável), que em sua meta 17.17 incentiva a promoção de parcerias públicas, público-privadas, privadas, e com a sociedade civil eficazes, a partir da experiência das estratégias de mobilização de recursos dessas parcerias.

Figura 6.2 Os 17 Objetivos de Desenvolvimento Sustentável.

Fonte: Nações Unidas, Brasil.

Os ODS são um apelo global a ações para acabar com a pobreza, proteger o meio ambiente e o clima e garantir que todas as pessoas possam desfrutar de paz, saúde e prosperidade. Como mostrado neste capítulo a saúde e bem-estar das pessoas e a conservação da biodiversidade estão fortemente relacionadas à qualidade do ar, externo e interno. Assim, não será possível lograr o desenvolvimento econômico e social de uma comunidade sem cuidar do meio ambiente e, em particular, melhorar as condições de vida nas grandes cidades, o que necessariamente passa por uma melhoria da qualidade do ar.

REFERÊNCIAS BIBLIOGRÁFICAS DESTE CAPÍTULO

KUTLAR JOSS, M.; EEFTENS, M.; KAPPELER, R.; KUNZLI, N. Time to harmonize ambient air quality standards, *International Journal of Public Health*, v. 62, p. 453-462, 2017.

MANISALIDIS, I.; STAVROPOULOU, E.; STRAVOPOULOS, A.; BEZIRTZOGLOU, E., Environmental and Health Impacts of Air Pollution: A review. *Frontiers in Public Health*, v. 8, artigo 14, 2020.

NAÇÕES UNIDAS, BRASIL. Objetivos de Desenvolvimento Sustentável. Disponível em: https://brasil.un.org/pt-br/sdgs.

NASA. Aqua Satellite. NASA Satellite Identifies Global Ammonia "Hotspots". Disponível em: https://www.nasa.gov/feature/jpl/nasa-satellite-identifies-global-ammonia-hotspots.

ORGANIZAÇÃO PANAMERICANA DE SAÚDE. Poluição do ar e saúde infantil: prescrevendo ar puro. 2018. Disponível em: https://iris.paho.org/bitstream/handle/10665.2/51780/OPASBRA19004_por.pdf?sequence=1&isAllowed=y.

RESOLUÇÃO CONAMA Nº 492, de 20 de dezembro de 2018. Disponível em: https://www.in.gov.br/materia/-/asset_publisher/Kujrw0TZC2Mb/content/id/56643907/do1-2018-12-24-resolucao-n-492-de-20-de-dezembro-de-2018-56643731.

SEINFELD, J. N.; PANDIS, S. N. *Atmospheric Chemistry and Physics. From air pollution to climate change*. Willey Interscience. 1998.

WHO, World Health Organization. Air quality guidelines for Europe. 1987. Disponível em: https://apps.who.int/iris/handle/10665/107364.

WHO, World Health Organization. Air quality guidelines for Europe, second edition. 2000. Disponível em: https://apps.who.int/iris/bitstream/handle/10665/107335/9789289013581-eng.pdf?sequence=1&isAllowed=y.

WHO, World Health Organization. Air quality guidelines-global update 2005. Disponível em: https://apps.who.int/iris/bitstream/handle/10665/107823/9789289021920-eng.pdf?sequence=1&isAllowed=y.

WHO, World Health Organization. WHO guidelines for indoor air quality: dampness and mould. 2009. Disponível em: https://apps. who.int/iris/bitstream/handle/10665/164348/9789289041683-eng. pdf?sequence=1&isAllowed=y.

WHO, World Health Organization. WHO guidelines for indoor air quality: selected pollutants (2010). Disponível em: https://apps. who.int/iris/bitstream/handle/10665/260127/9789289002134-eng. pdf?sequence=1&isAllowed=y.

WHO, World Health Organization. WHO guidelines for indoor air quality: household fuel combustion. 2014. Disponível em: https:// www.who.int/publications/i/item/9789241548885.

WHO, World Health Organization. WHO global air quality guidelines. 2021. Disponível em: https://apps.who.int/iris/ bitstream/handle/10665/345329/9789240034228-eng. pdf?sequence=1&isAllowed=y.

WHO, World Health Organization. Human health effects of polycyclic aromatic hydrocarbons as ambient air pollution. 2021. Disponível em: https://www.who.int/europe/publications/i/ item/9789289056533#:~:text=Epidemiological%20studies%20 have%20shown%20that,or%20behavioural%20function%20 in%20children.

WHO, World Health Organization. Health effects of particulate matter. 2013. Disponível em: https://www.euro.who.int/__data/ assets/pdf_file/0006/189051/Health-effects-of-particulate-matter-final-Eng.pdf.

CAPÍTULO 7:
MONITORAMENTO DA QUALIDADE DO AR

O monitoramento da qualidade do ar e, em geral, a determinação das concentrações dos poluentes é um requisito fundamental para o controle da poluição do ar, para o planejamento e adoção de medidas que levem a uma melhoria das condições ambientais e da qualidade de vida da população e para a adoção e cumprimento da legislação ambiental de um país.

A coleta das amostras e determinação das concentrações deve ser representativa do local e período de tempo considerado e não deve alterar ou interferir nos resultados. Em geral, cada país ou grupo de países (por exemplo, no caso da União Europeia) possui um conjunto de normas técnicas que orientam como deve ser realizado esse monitoramento. No caso do Brasil, a Resolução CONAMA 491, de 19 de novembro de 2018 que estabeleceu os padrões de qualidade de ar (e será discutida no Capítulo 8), estabelece, no Artigo 8, que o Ministério de Meio Ambiente, em conjunto com os órgãos ambientais e estaduais, deverá elaborar um guia técnico para a avaliação e monitoramento da qualidade do ar, indicando os métodos de referência e instruções para a implementação dos mesmos. Esse guia foi publicado pelo Ministério do Meio Ambiente, através da Secretaria de Qualidade Ambiental, em 2019. Já nos Estados Unidos, a agência US EPA publicou normas técnicas para a determinação dos poluentes legislados (*criteria pollutants*) e para compostos orgânicos e inorgânicos não legislados.

115

De uma forma geral, os métodos de monitoramento consistem em medições em tempo real ou em forma integrada. No primeiro caso são usados instrumentos que fazem leituras instantâneas e contínuas, que podem eventualmente ser gravadas e processadas para se obter valores médios para um dado período de tempo. No segundo caso, geralmente são coletadas amostras de ar em forma descontínua, durante um dado período de tempo, e levadas a um laboratório para análise. A coleta de amostras em forma integrada pode ser feita em forma ativa ou passiva. No primeiro caso, ainda, o ar é forçado passar ou entrar no sistema de coleta, com o auxílio de uma bomba amostradora. Já no segundo caso as amostras são coletadas por um processo de difusão devido a uma diferença de concentração.

Neste capítulo analisaremos as normas gerais propostas pela US EPA e, também, o caso brasileiro, tanto das normas técnicas quanto da situação do monitoramento no país.

7.1 MÉTODOS DE MONITORAMENTO DOS POLUENTES LEGISLADOS (US EPA)

Os métodos e equipamentos recomendados são permanentemente atualizados seguindo os avanços das pesquisas científicas e da tecnologia. Em dezembro de 2021 a US EPA publicou uma nova lista dos *métodos de referência* ou *métodos equivalentes* (incluindo a listagem de equipamentos aprovados) para determinação dos poluentes legislados em acordo com a legislação do país (Título 40, Parte 53 do *Code of Federal Regulations, 40 CFR Part 53*). Essa listagem inclui todos os métodos e equipamentos que podem ser utilizados para determinar material particulado (material particulado total, MP_{10}, $MP_{2,5}$), os gases (CO, NO_2, O_3 e SO_2) e Pb em material particulado.

Esses equipamentos são também utilizados em outros países, inclusive no Brasil, como discutido no próximo item.

7.2 MÉTODOS DE MONITORAMENTO DOS POLUENTES LEGISLADOS NO BRASIL

O Guia técnico para a avaliação e monitoramento da qualidade do ar elaborado pelo Ministério do Meio Ambiente, recomenda que sejam utilizados equipamentos que tenham certificação emitida por instituição de notório saber sobre o tema de monitoramento para garantir a qualidade e confiabilidade dos dados obtidos, tanto na precisão dos resultados quanto no desempenho dos equipamentos. São considerados métodos de referência aqueles recomendados pela literatura internacional, enquanto os métodos equivalentes são aqueles que demonstram ter um desempenho equivalente aos instrumentos e métodos de referência certificados. As normas brasileiras seguem, em geral, as certificações da agência ambiental dos Estados Unidos (US EPA), da Alemanha (TÜV SÜD) e do Reino Unido (*Monitoring Certification Scheme MCERTS*).

No Quadro 7.1 são listados os métodos de referência no Brasil, em acordo com os estabelecidos pela US EPA, para a determinação de partículas totais em suspensão (PTS), CO, SO_2, O_3 e NO_2. Considerando que no Brasil não há um processo estabelecido para certificação de equipamentos de monitoramento da qualidade do ar, o Guia recomenda a utilização de métodos de referência ou equivalentes certificados pela US EPA, ficando a critério dos órgãos ambientais estaduais o uso de equipamentos certificados por agências de outros países.

Quadro 7.1 Métodos de referência para determinação de partículas totais em suspensão, CO, SO_2, O_3 e NO_2 no Brasil

Princípio do método	Observações
Partículas totais em suspensão (PTS)	
A coleta do material é realizada com um amostrador de grande volume (AGV) que aspira uma quantidade medida de ar ambiente durante 24 horas. É recomendado o uso de um filtro de fibra de vidro ou outro material equivalente não higroscópico, com vazão de 1,5 m^3 min^{-1}. A massa de MP é determinada por gravimetria com uma balança de precisão com sensibilidade 0,1 mg.	A faixa de concentrações do método é aproximadamente 2-750 µg m^{-3}, sendo que o limite inferior depende da sensibilidade da balança e o limite superior da queda de vazão do amostrador. Todos os detalhes do procedimento de calibração, coleta e medição estão incluídos no documento. O método é não destrutivo, o que permite a análise posterior da composição do material particulado.
CO	
Medição automática em tempo real usando fotometria infravermelha não dispersiva (NDIR). A radiação infravermelha passa através de uma célula contendo a amostra e a radiação absorvida é medida por um detector adequado.	O monitor é calibrado usando um gás certificado. As interferências de vapor d'água e CO_2 são eliminadas usando filtros adequados.
SO_2	
Medição automática em tempo real, através da intensidade de fluorescência característica emitida pelo SO_2. Tipicamente, a amostra de ar é irradiada com luz ultravioleta (190-230 nm) e a fluorescência medida em uma faixa em torno de 320 nm.	O monitor deve ser calibrado usando um gás certificado. O equipamento deve ter dispositivos para eliminar as interferências dos hidrocarbonetos, principalmente xileno e naftaleno (filtros), NO (filtro ótico) e O_3 (ajuste da distância de medição).
O_3	
Medição automatizada contínua da intensidade da quimiluminescência característica liberada pela reação em fase gasosa do O_3 no ar atmosférico contido na amostra com gás etileno (C_2H_4) ou óxido nítrico (NO). Um fluxo de amostra de ar ambiente é misturado na célula de medição como o C_2H_4 ou o NO, e a quimiluminescência é medida com um fotodetector sensível.	O material particulado deve ser previamente filtrado para evitar danificar a célula de medição. O procedimento de calibração é baseado no ensaio fotométrico das concentrações de O_3 num sistema de fluxo dinâmico, usando luz de 254 nm e ar zero como referência.

MONITORAMENTO DA QUALIDADE DO AR

NO$_2$

As concentrações de NO$_2$ no ar ambiente são medidas indiretamente por meio da medição fotométrica da intensidade da luz, em comprimentos de onda superiores a 600 nm, resultante da reação quimiluminescente do óxido nítrico (NO) com ozônio (O$_3$). O NO$_2$ é inicialmente reduzido quantitativamente para NO por meio de um conversor térmico, de forma que a amostra total (contendo o NO já existente no ar ambiente junto com o NO$_2$ convertido) sejam medidos como NO$_x$ = NO + NO$_2$. Uma amostra do ar de entrada também é medida sem ter passado pelo conversor. Essa última medição de NO é subtraída da primeira medição (NO$_x$) para produzir a medida final de NO$_2$. As medições de NO e (NO + NO$_2$) podem ser feitas concomitantemente com sistemas duplos ou ciclicamente com o mesmo sistema, desde que o tempo de ciclo não exceda 1 minuto.

Compostos como nitrato de peroxiacetila (PAN) são medidos concomitantemente, causando interferência.

A calibração pode ser realizada por titulação de fase gasosa de um padrão de NO com O$_3$ ou por um dispositivo de permeação de NO$_2$ e é descrita em detalhe no documento.

Notas (Referências):

Title 40, Appendix B to Part 50 – Reference Method for the Determination of Suspended Particulate Matter in the Atmosphere (High-Volume Method) – Code of Federal Regulations, USA.

Title 40, Appendix C to Part 50 – Measurement Principle and Calibration Procedure for the Measurement of Carbon Monoxide in the Atmosphere (Non-Dispersive Infrared Photometry) – Code of Federal Regulations, USA.

Title 40, Appendix A-1 to Part 50 – Reference Measurement Principle and Calibration Procedure for the Measurement of Sulfur Dioxide in the Atmosphere (Ultraviolet Fluorescence Method) – Code of Federal Regulations, USA.

Title 40, Appendix D to Part 50 – Reference Measurement Principle and Calibration Procedure for the Measurement of Ozone in the Atmosphere (Chemiluminescence Method) – Code of Federal Regulations, USA.

Title 40, Appendix F to Part 50 – Measurement Principle and Calibration Procedure for the Measurement of Nitrogen Dioxide in the Atmosphere (Gas Phase Chemiluminescence) – Code of Federal Regulations, USA.

Fonte: Guia técnico para a avaliação e monitoramento da qualidade do ar (Ministério do Meio Ambiente)

Tanto os métodos de referência quanto os equivalentes devem atender certas especificações estabelecidas no Guia técnico. As principais, referidas aos poluentes gasosos, são indicadas no Quadro 7.2.

Quadro 7.2 Especificações técnicas para os equipamentos de medição de CO, SO_2, O_3 e NO_2 no Brasil

Parâmetro	SO_2	O_3	CO	NO_2
Faixa de operação padrão	$0 - 2.620$ µg m^{-3}	$0 - 980$ µg m^{-3}	$0 - 50$ ppm	$0 - 940$ µg m^{-3}
Ruído (faixa padrão)	$< 2{,}6$ µg m^{-3}	$< 4{,}9$ µg m^{-3}	$< 0{,}2$ ppm	$< 4{,}9$ µg m^{-3}
Limite de detecção	$< 5{,}2 < 4{,}9$ µg m^{-3}	$< 9{,}8$ µg m^{-3}	$< 0{,}4$ ppm	< 20 µg m^{-3}
Precisão ao 80% do limite superior de escala	$< 2\%$	$< 2\%$	$< 1\%$	$< 6\%$

Nota: Faixa padrão de operação: faixa exigida na certificação

Fonte: Guia técnico para a avaliação e monitoramento da qualidade do ar (Ministério do Meio Ambiente)

A determinação manual de MP_{10} e $MP_{2,5}$ é realizada em forma análoga a do PTS usando um amostrador semelhante acoplado a um separador inercial de partículas que possibilita a coleta das partículas de interesse. Na Figura 7.1 é mostrado um operador trocando o filtro de um amostrador de grande volume para $MP_{2,5}$ instalado no Jardim Botânico do Rio de Janeiro.

Figura 7.1 Troca de filtro em um amostrador de grande volume para MP$_{2,5}$ instalado no Jardim Botânico do Rio de Janeiro.

Fonte: os autores

7.3 IMPLANTAÇÃO DO MONITORAMENTO DOS POLUENTES LEGISLADOS NO BRASIL

Segundo o Guia de monitoramento elaborado pelo Ministério do Meio Ambiente, a implementação das redes de monitoramento no Brasil, visando atender a legislação vigente, tem dois objetivos básicos:

"1. Verificar o grau de exposição da população aos poluentes atmosféricos, considerando critérios de saúde pública e,

2. Acompanhar tendências de médio e longo prazo para verificar a eficácia dos programas de controle, avaliando a necessidade de aprimoramentos."

A implementação de redes de monitoramento deve considerar diversos fatores como informações sobre a localização geográfica das fontes, inventários de emissões, dados meteorológicos e modelos de dispersão disponíveis, relevo, topografia, ocupação do solo e população exposta. Assim, idealmente, a implementação de uma rede eficiente requer estudos prévios usando, por exemplo, estações móveis de monitoramento, resultados de simulações da qualidade do ar, inventários de emissões e dados de literatura previamente obtidos por laboratórios de pesquisa.

No Brasil, a falta de dados de inventário de fontes fixas e de monitoramento e o custo de instalação de estações, fez que o Guia de monitoramento recomendasse a medição de material particulado como prioritário. Nesse sentido é importante notar que a Organização Mundial da Saúde considera que os poluentes prioritários são O_3 e $MP_{2,5}$, mas que pesquisas realizadas no Brasil mostram que é impossível gerenciar o problema das concentrações de ozônio sem um conhecimento dos níveis de NO_x e COV.

A instalação e manutenção de estações de monitoramento requer, além da compra dos equipamentos e periféricos, a construção do abrigo onde os equipamentos serão colocados, cercamento da área, instalação de rede eléctrica e de internet, segurança, manutenção e calibração por técnicos especializados. Por questões de segurança, frequentemente as estações são instaladas em prédios de escolas, quartéis e espaços públicos com vigilância o que nem sempre é compatível com alguns critérios técnicos que devem ser observados: cobertura do solo ao redor da estação, altura da sonda de amostragem, distância de obstáculos e árvores. É recomendado uma distância mínima de 10 m de árvores e o dobro da altura de obstáculos acima da sonda amostradora. Quanto à altura da sonda amostradora depende do poluente e da escala de monitoramento, que por sua vez, depende dos objetivos a serem atingidos. No Quadro 7.3 são mostradas as escalas espaciais adequadas para obter resultados representativos.

Quadro 7.3 Escala de alocação das estações de monitoramento considerando os objetivos

Objetivo de monitoramento	Escala adequada	Representatividade
Determinação de concentrações altas devidas a fontes fixas locais	Mesoescala (escala média)	100 – 500 m
	Bairro	Bairros com atividade uniforme (500 – 4.000 m)
Determinação de concentrações altas devidas a fontes fixas difusas	Microescala	100 m
Determinação de efeitos gerais à população	Bairro	500 – 4.000 m
	Urbana	4 – 50 km
Determinação de impacto de fontes fixas	Microescala para fontes fixas difusas	100 m
	Mesoescala ou bairro para chaminés	100 – 500 m 500 – 4.000 m
Concentração de fundo	Urbana	4 – 50 km

Fonte: Guia técnico para a avaliação e monitoramento da qualidade do ar (Ministério do Meio Ambiente)

Para estações localizadas em áreas impactadas por via de tráfego deve ser considerado que as emissões estão referidas não apenas aos processos de combustão como também, no caso do material particulado, à ressuspensão de poeira, desgaste de pneus e freios e que o impacto da via depende fortemente do volume de tráfego. Em geral, a recomendação é que os monitores se encontrem a distâncias > 10 m das fontes, para vias com fluxos de até 10.000 veículos por dia, aumentando a distância na medida que aumenta o fluxo veicular, recomendação que nem sempre pode ser seguida (por razões práticas já apontadas) fazendo que as determinações tenham representatividade apenas em microescala.

Para monitoramento manual de material particulado devem ser realizadas coletas de, pelo menos, uma amostra de 24 h cada 6 dias. Para monitoramento contínuo, os dados são obtidos e guardados com médias de 10 minutos ou médias horárias. Atualmente os dados são coletados em forma automática e transmitidos pela internet a uma estação central onde são tratados e guardados. Devido a falhas no funcionamento dos equipamentos, no armazenamento dos dados, na energia ou na comunicação, é frequente a perda de dados. Por esse motivo foram estabelecidos critérios de representatividade temporal dos dados, que estão num acordo com os utilizados em outros lugares do mundo. Esses critérios estão indicados no Quadro 7.4 e foram estabelecidos no Guia de monitoramento considerando as recomendações da Companhia Ambiental do Estado de São Paulo (CETESB). As médias anuais consideram os quadrimestres para garantir uma representatividade ao longo do ano, da mesma forma as concentrações de material particulado obtidas em forma manual cada 6 dias devem considerar os finais de semana.

Quadro 7.4 Tempos mínimos de amostragem para que os dados sejam considerados representativos

Tipo de média	Critério de validação
Horária	**3/4 das médias válidas na hora**
Diária	2/3 das médias horárias válidas no dia
Mensal	2/3 das médias diárias válidas no mês
Anual	1/2 das médias diárias válidas obtidas em cada quadrimestre (jan-abr; mai-ago; set-dez)

Fonte: Guia técnico para a avaliação e monitoramento da qualidade do ar (Ministério do Meio Ambiente)

Finalmente, o Guia de monitoramento considera a possibilidade de estações de monitoramento operadas de diversas formas: exclusivamente pelo órgão ambiental; parcialmente terceirizada através de um processo licitatório para a operação e manutenção; totalmente terceirizada (onde a empresa compra, instala e opera os equipamentos); por empresas licenciadas. Neste último caso, geralmente a rede é operada e mantida por empresas que realizam atividades potencialmente poluidoras e foram licenciadas pelo órgão ambiental tendo como condicionante termos de ajuste de conduta que incluem o monitoramento ambiental.

Na Figura 7.2 é mostrada a estação de monitoramento localizada na Praça Nossa Senhora da Apresentação no bairro de Irajá, Rio de Janeiro, instalada e operada pela Secretaria Municipal do Meio Ambiente do Rio de Janeiro (SMAC).

Figura 7.2 Estação de monitoramento localizada na Praça Nossa Senhora da Apresentação no bairro de Irajá, Rio de Janeiro, instalada e operada pela Secretaria Municipal do Meio Ambiente do Rio de Janeiro (SMAC).

Fonte: os autores

Ainda considerando a Resolução CONAMA n° 491, os órgãos ambientais estaduais e distrital deverão elaborar em até 3 anos (a partir da entrada em vigência da Resolução) um Plano de Controle de Emissões Atmosféricas para a elaboração do qual é imprescindível dispor de dados consolidados de monitoramento. Em 2021, o Instituto de Energia e Meio Ambiente (IEMA), uma instituição privada que atua em colaboração com órgãos públicos ambientais, lançou uma plataforma de qualidade do ar compilando dados disponibilizados pelas agências ambientais. Segundo a plataforma, nesse ano apenas dez estados (Ceará, Pernambuco, Bahia, Goiás, Minas Gerais, Espírito Santo, Rio de Janeiro, São Paulo, Paraná e Rio Grande do Sul) e o Distrito Federal têm alguma estação de monitoramento da qualidade do ar, evidenciando a situação crítica do monitoramento no Brasil que impede elaborar os planos de controle conforme a legislação.

A situação é mais crítica quando é considerado o monitoramento automático do $MP_{2,5}$ que é o poluente de maior importância, junto ao ozônio, no referido à saúde da população. No ano de 2020, no estado de São Paulo existiam 31 estações automáticas (12 delas na capital do estado) e os dados são disponibilizados através da página da Companhia Ambiental do Estado de São Paulo (CETESB). Já no Espírito Santo e no Rio de Janeiro, no mesmo ano, foram disponibilizados dados representativos apenas para uma estação de monitoramento automática em atividade em cada um dos estados: uma na cidade de Vitória, estação Enseada do Suá (Instituto Estadual do Meio Ambiente do Espírito Santo, IEMA-ES), e outra na cidade do Rio de Janeiro (Irajá), esta última operada pela Secretaria Municipal do Meio Ambiente (SMAC). Os dados de ambas as estações são disponibilizados nas páginas do IEMA-ES e da SMAC.

7.4 MONITORAMENTO DE COMPOSTOS ORGÂNICOS TÓXICOS

O monitoramento deste tipo de compostos no ar ambiente é extremamente complexo pela grande variedade de compostos (tanto voláteis como semi-voláteis) e pela falta de métodos e equipamentos de referência. A agência ambiental dos Estados Unidos publicou, em 1999, a segunda edição de um compêndio de métodos destinados à determinação de compostos orgânicos tóxicos e outros documentos individuais para cada um dos métodos. Esses métodos e os documentos, disponíveis para o público, são atualmente utilizados por laboratórios em todo o mundo e são considerados muito confiáveis devido ao seu grau de detalhamento e as amplas evidências que comprovam a qualidade dos mesmos, incluindo a revisão extensiva por diferentes especialistas. Todos esses métodos estão indicados na Figura 7.3. Os Métodos TO-1 a TO-14 tinham sido publicados na primeira edição e alguns deles foram atualizados e tiveram seu nome modificado com a inclusão da letra A. Os métodos TO-15 a TO-17 foram incorporados na segunda edição, sendo que o TO-15 foi modificado (TO-15A) em 2019.

Figura 7.3 Métodos para determinação de compostos orgânicos tóxicos.

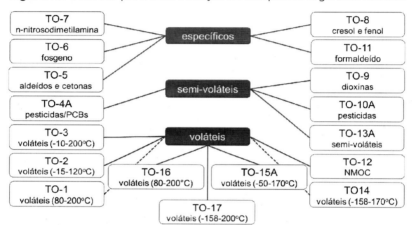

Fonte: adaptada de US EPA. *Compendium of Methods for the Determination of Toxic Organic Compounds in Ambient Air – Second Edition (1999) e Addendum (2000).* US Environmental Protection Agency

No Quadro 7.5 são listados os métodos, os compostos que podem ser determinados por cada um deles e a forma de coleta e análise dos mesmos.

MONITORAMENTO DA QUALIDADE DO AR

Quadro 7.5 Características principais dos métodos listados pela US EPA para determinação de compostos orgânicos

Método	Compostos que podem ser determinados	Forma de coleta	Método de análise	Faixa de concentração
TO-1	COV (80-200°C)	Cartuchos de Tenax	CG/EM ou CG/FID	0,01-100 ppbv
TO-2	COV muito voláteis (-15-120°C)	Cartuchos de carvão (*carbon molecular sieve*)	CG/EM ou CG/FID	0,01-200 ppbv
TO-3	COV não polares (-10-200°C)	Pré-concentração usando um tubo de cobre com esferas de vidro e criogenia (*criotrap*)	CG/FID ou CG/ECD	0,01-200 ppbv
TO-4A	Pesticidas e PCB	AGV ou cartuchos PUF e extração com solventes	GC/FID/ECD ou CF/EM	0,2 pg m^{-3}-200 ng m^{-3}
TO-5	Aldeídos e cetonas	*Impingers* (frascos lavadores) com DNPH	HPLC/UV	1-50 ppbv
TO-6	Fosgênio (COCl$_2$)	*Impingers* com anilina/tolueno	HPLC/UV	1-50 ppbv
TO-7	N-nitrosodimetilamina	Cartucho contendo *Thermosorb/N* e extração com solvente	CG/EM	1-50 ppbv
TO-8	Cresol/fenol	*Impingers* com solução de NaOH	HPLC/UV	1-250 ppbv
TO-9A	Dioxinas/furanos/PCB	Adsorventes PUF e extração com tolueno/ pré-concentração	CG/EM	0,25-5.000 pg m^{-3}
TO-10A	Pesticidas	Adsorventes PUF	CG com múltiplos detectores	1-100 ng m^{-3}
TO-11A	Formaldeído e outros aldeídos e cetonas	Cartuchos C18 com DNPH	HPLC/UV	0,5-100 ppbv
TO-12	Compostos orgânicos não metano	*Canisters* e pré-concentração com criogenia	CG/FID	0,1-200 ppmvC
TO-13A	HPA	Adsorventes PUF ou XAD-2 e extração com solventes	CG/EM	0,5-500 ng m^{-3}

TO-14A	COV não polares	*Canisters* e pré-concentração com criogenia	CG e diversos detectores (FID, EM etc)	0,2-25 ppbv
TO-15A	COV polares e não polares	*Canisters* e pré-concentração com adsorventes (*cold traps*)	CG/EM	0,02-25 ppbv
TO-16	COV polares e não polares	*Online*	FTIR	25-500 ppbv
TO-17	COV polares e não polares	Tubos multiadsorventes (cartuchos de metal com adsorventes) e dessorção térmica	CG/EM	0,2-25 ppbv

Nota: CG: cromatografia a gás; EM: espectrometria de massas: FID: detector de ionização de chama (DIC em português); ECD: detector de captura eletrônica; PCB: policlorinatos de bifenilo; AGV: amostrador de grande volume: PUF: armadilha (espuma) de poliuretano: DNPH: dinitrofenilhidrazina; HPLC: cromatografia líquida de alta eficiência (CLAE em português); HPA: hidrocarbonetos policíclicos aromáticos: FTIR: infravermelho com transformada de Fourier

Fonte: adaptada de US EPA. *Compendium of Methods for the Determination of Toxic Organic Compounds in Ambient Air – Second Edition (1999) e Addendum (2000). US Environmental Protection Agency*

Atualmente os métodos mais utilizados para a determinação da qualidade do ar, são o TO-5 e TO-11A para aldeídos e cetonas, o TO-13 para HPA e os métodos TO-1, TO-2, TO-15A e TO-17 (ou variações deles) para COV.

A principal diferença entre os métodos TO-5 e TO-11A é a forma de coleta. O método de *impingers* (Figura 7.4a) é utilizado, por exemplo, para a determinação de emissões veiculares em ensaios com dinamômetro enquanto o método com cartuchos (Figura 7.4b) é mais utilizado em coletas ambientais.

MONITORAMENTO DA QUALIDADE DO AR   **131**

Figura 7.4 a) *impingers* (Método TO-5); b) *zoom* de cartuchos (Método TO-11A) para coleta de aldeídos e cetonas. c) processo de extração dos derivados de hidrazina (Método TO-11A).

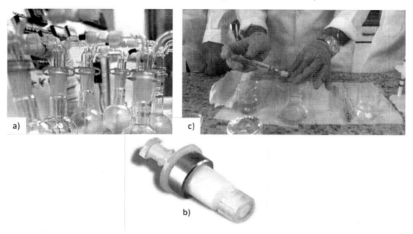

Fonte: os autores

Ambos os métodos estão baseados no mesmo princípio: a reação entre a 2,4-dinitrofenilhidrazina (DNPH) e os compostos carbonílicos, na presença de um ácido forte como catalisador, ocorrendo a formação de derivados de hidrazona, segundo a reação:

No Método TO-5, a solução ácida de DNPH em acetonitrila está contida nos frascos e a amostra de ar passa através da solução. Após a coleta a solução é transferida para pequenos frascos (*vials*), diluída se necessário, e analisada por cromatografia líquida de alta eficiência com detector ultravioleta/visível (HPLC/UV). Já, no Método TO-11A, cartuchos tipo *Sep–Pak* (C18) são impregnados com a solução de DNPH e a amostra gasosa é passada através do cartucho. Posteriormente os derivados de hidrazona são extraídos do cartucho com acetonitrila (Figura 7.4c) e analisados por HPLC/UV. Na Figura 7.5 é mostrado um equipamento de cromatografia líquida de alta eficiência e detalhes da coluna e do sistema de injeção das amostras.

Figura 7.5 a) Sistema de cromatografia líquida de alta eficiência (HPLC); b) injeção das amostras líquidas c) coluna cromatográfica (Métodos TO-5 e TO-11A).

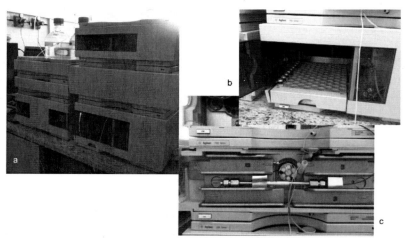

Fonte: os autores

A coleta de compostos orgânicos voláteis ou semi-voláteis pode ser realizada usando cartuchos adsorvedores (por exemplo, nos métodos TO-1, TO-2, TO-13 e TO-17) ou *canisters* (por exemplo, Métodos TO-14A e TO-15A). Existem diversos tipos de cartuchos, de vidro, metal ou outros materiais inertes, recheados com diferentes adsorvedores (por exemplo, XAD-2, Tenax, carvão), como mostrado na Figura 7.6.

Figura 7.6 Diferentes tipos de cartuchos adsorvedores. a) cartuchos reutilizáveis usados para dessorção térmica; b) cartuchos de vidro geralmente usados para dessorção com solvente.

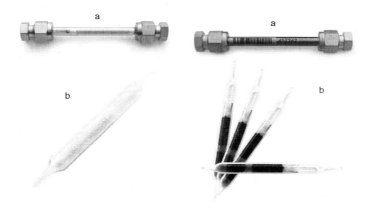

Fonte: os autores

Em todos esses métodos a coleta é ativa, ou seja, o ar é forçado a passar através dos cartuchos com o auxílio de uma bomba. Os compostos orgânicos adsorvidos devem ser posteriormente extraídos usando um solvente apropriado ou por dessorção térmica, dependendo do método. Quando é utilizado um solvente para realizar a extração, a amostra no estado líquido é colocada em um frasco apropriado e injetada no cromatógrafo a gás (CG), sendo vaporizada no injetor do equipamento. Quando a amostra é dessorvida termicamente (geralmente a temperatura de aproximadamente 300°C) é focalizada e injetada como gás no CG. Em qualquer caso, devem ser realizados estudos para determinar o grau de saturação do cartucho e o grau de recuperação do método, já que alguns compostos podem ser perdidos parcialmente seja no processo de adsorção ou no de recuperação. Na Figura 7.7 é mostrado o sistema de injeção de um CG para o caso de amostras líquidas e para o caso de amostras gasosas por dessorção térmica.

Figura 7.7 a) injetor automático (sistema de dessorção térmica) utilizando cartuchos adsorvedores; b) injeção automática de amostras líquidas contidas em frascos (*vials*).

Fonte: os autores

Os *canisters* são recipientes de aço inoxidável com uma válvula, também totalmente em aço inox, desenhada para conservar amostras no intervalo de pressões 10 mm Hg a 40 psig. O interior do *canister* deve ser inerte para evitar a degradação das amostras. Existem dois tipos de tratamento: os *canisters* SUMMA® ou TO-Can® são eletropolidos num procedimento no qual a parede interna é enriquecida em óxido de cromo-níquel ($NiCrO_x$), protegendo a amostra do contato direto com o material do *canister*, que contém 70% de ferro, metal muito reativo e catalítico. O revestimento de $NiCrO_x$ (500-1.000 angstroms) evita a exposição ao ferro e evita o processo de corrosão devido a ozônio, oxigênio, NO_x e outros compostos oxidantes. Esse tipo de *canister* ainda é utilizado em alguns laboratórios, mas já não é mais fabricado e o Método TO-15A não recomenda seu uso. Atualmente são recomendados *canisters* com um tratamento adicional (por exemplo, Silonite® ou Siletek®), que consiste em revestimento cerâmico de aproximadamente 500 angstroms que os torna inertes não apenas para os compostos orgânicos menos reativos, mas também para os compostos com enxofre. Existem *canisters* de diversos tamanhos (geralmente entre 400 mL e 6 L) e formatos dependendo da utilização que será dada.

A coleta da amostra, usando *canisters*, pode ser realizada em forma passiva ou em forma ativa. No primeiro caso, o *canister*, previamente limpo, é evacuado e a amostra entra no mesmo por diferença de pressão, atingindo uma pressão final igual ou menor que 1 atm. Na coleta ativa o ar é forçado a entrar no *canister*, sendo possível trabalhar a pressões maiores que a atmosférica. No caso de coleta passiva, geralmente é utilizado um restritor de pressão que possibilita a entrada da amostra em forma controlada e durante um período de amostragem maior (tipicamente 1 a 24 horas, dependendo da calibração da válvula restritora). Na Figura 7.8 são mostrados *canisters* com e sem o restritor de fluxo.

Figura 7.8 a) *Canister* com tratamento Silonite®; b) *Canister* com tratamento Siltek® e com restritor de fluxo; c) Detalhe da válvula do *canister* (Métodos TO-14A e TO-15A).

Fonte: os autores

A transferência da amostra gasosa, no Método TO-15A, é realizada sem o auxílio de criogenia, o que reduz os custos e simplifica o procedimento. Como mostrado na Figura 7.9 a transferência é realizada como o auxílio de uma unidade amostradora que, a través de uma válvula de múltiplas vias, deixa passar um volume de amostra gasosa predeterminado. A amostra passa através de uma armadilha com adsorventes específicos (*cold trap*) e os compostos de interesse são adsorvidos a temperaturas entre 25°C e − 20°C. A armadilha atua como um pré-concentrador e posteriormente os compostos são dessorvidos termicamente (geralmente a 300°C) e injetados no CG.

Figura 7.9 Processo de transferência e injeção da amostra gasosa no Método TO-15A.

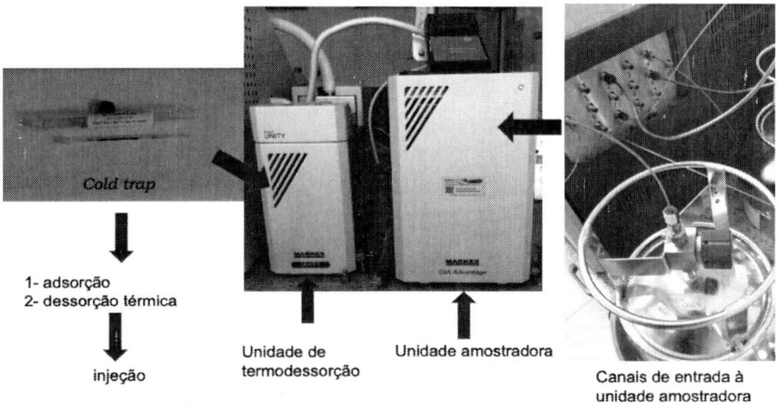

1- adsorção
2- dessorção térmica

injeção

Unidade de termodessorção

Unidade amostradora

Canais de entrada à unidade amostradora

Fonte: os autores

Na Figura 7.10 é mostrado um equipamento CG com possibilidade de injeção de amostras líquidas, gasosas contidas em *canisters* (Método TO-15A) e amostras adsorvidas em cartuchos (Método TO-17). O equipamento possui dois detectores (FID e EM). A US EPA recomenda a utilização de um detector de EM, que permite a identificação dos compostos através de seu espectro de massas (com o auxílio de uma biblioteca de espectros) e quantificação dos mesmos usando um padrão certificado para a construção das curvas analíticas para calibração. Porém, o detector FID pode ser utilizado como um detector auxiliar para uma extensão e melhoria dos métodos, usando um sistema multidimensional de corte com duas colunas e dois detectores, o que amplia a faixa de possibilidades de análise.

Figura 7.10 Equipamento de cromatografia a gás, com dois detectores (FID e EM) e possibilidade de injeção de amostras líquidas, de amostras adsorvidas em cartuchos (Método TO-17) e de amostras gasosas contidas em *canisters* (Método TO-15A).

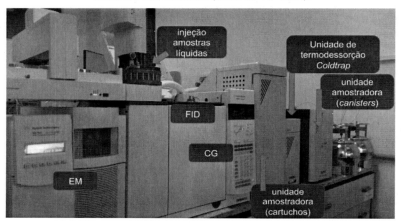

Fonte: os autores

Além desses métodos, existem outras possibilidades como, por exemplo, a coleta das amostras gasosas usando sacos de Tedlar® e a injeção direta de amostras de ar externo que são pré-concentradas na armadilha a frio (*cold trap*).

A escolha do método que será utilizado para a determinação dos compostos orgânicos dependerá de diversos fatores: quais são os compostos alvo, as concentrações esperadas e o local de monitoramento, os equipamentos, materiais e orçamento disponíveis e a capacitação técnica dos operadores. Por exemplo, o Método TO-15A apresenta um desempenho excelente, baixos limites de quantificação e boa seletividade. Porém, os sistemas de coleta e analítico (e sua manutenção) são muito onerosos e requerem treinamento específico dos operadores. Dessa forma, em determinados casos, resulta mais adequado usar um método mais simples e menos custoso.

7.5 MONITORAMENTO DE COMPOSTOS INORGÂNICOS

O compêndio mais completo com os métodos para monitoramento de espécies inorgânicas no ar é o *Compendium of Methods for the Determination of Inorganic Compounds in Ambient Air* da US EPA. O compêndio inclui: a) determinação contínua de MP_{10}; b) determinação integrada de material particulado total (valores médios para 24 horas); c) análises químicas dos metais contidos no material particulado; d) determinação de gases reativos (ácidos e bases) e da acidez do material particulado fino; e) amostragem e análise de mercúrio no ar atmosférico. Esses métodos são descritos brevemente no Quadro 7.6.

Quadro 7.6 Principais métodos listados pela US EPA para determinação de material particulado e compostos inorgânicos

Método	Descrição
Determinação contínua de MP_{10} (método automático)	Estes métodos são considerados "equivalentes" ao método de referência usando AGV e incluem duas categorias: uso de radiação beta ou uso de uma microbalança oscilatória (TEOM, *Tapered Element Oscillating Microbalance*). Os monitores beta possuem uma fita continua de papel de filtro. Radiação beta (0,01 – 0,1 MeV) incide alternativamente em uma parte não exposta do filtro e em outra parte onde o material particulado se deposita. A diferença de atenuação da radiação é proporcional a concentração de material particulado. O sistema TEOM consiste em um pequeno tubo vibratório cuja frequência de oscilação depende da massa de partículas depositadas em ele.
Determinação integrada de material particulado total (PTS) e de MP_{10} (métodos manuais)	Estes são considerados métodos de referência e são adequados para determinações integradas (tipicamente 24 horas). No Quadro 7.1 foi descrito o método para PTS. No caso de MP_{10} é usado um amostrador semelhante acoplado a um separador inercial de partículas que possibilita a coleta das partículas de interesse.

Análises químicas dos metais contidos no material particulado (outros métodos são descritos no compêndio, porém os mais utilizados são os incluídos neste quadro)	*Espectroscopia de absorção atômica com chama ou forno de grafite:* é um método destrutivo da amostra. Os metais a serem analisados são extraídos e analisados em solução. A amostra é irradiada com luz de um determinado comprimento de *onda* e é determinada a quantidade de radiação absorvida (cada elemento absorve num comprimento de onda específico).
	Espectroscopia de fluorescência de raios X: Neste método o filtro é analisado diretamente (sem extração dos metais). A amostra é irradiada com um feixe de raios X, e é analisada a fluorescência emitida pelos analitos.
	Espectrometria de plasma indutivamente acoplado: é um método multielementar (até 48 elementos simultaneamente) onde uma fonte de plasma extremamente quente é utilizada para excitar os átomos ao ponto de emitirem fótons de luz do comprimento de onda característico de cada elemento. Os elementos a serem determinados devem ser previamente extraídos do material particulado.
	Espectrometria de plasma indutivamente acoplado/ espectrometria de massas: este método permite analisar mais de 60 elementos simultaneamente e tem um limite de detecção muito baixo (ou seja, permite determinar concentrações muito baixas). Os íons gasosos produzidos no plasma são direcionados para o espectrômetro de massas, onde são separados conforme sua relação carga/massa.
Determinação de gases reativos (ácidos e bases) e da acidez do material particulado fino	A acidez de partículas finas é determinada coletando o material com um tubo de difusão (*denuder*) anular (para eliminar a amônia) e um filtro de Teflon® para reter o aerossol. O material do filtro é posteriormente extraído e determinado seu pH. Espécies reativas como SO_2, HNO_2, HNO_3 e NH_3 e íons em material particulado (SO_4^{2-}, NO_3^-, NH_4^+, H^+) também podem ser determinados usando tubos de difusão e filtros apropriados. Posteriormente as espécies de interesse são extraídas e analisadas por cromatografia de íons.
Amostragem e análise de mercúrio no ar atmosférico	O mercúrio (vapor) é coletado usando armadilhas de vidro contendo esferas de ouro e o material particulado contendo mercúrio é coletado com filtros de Teflon®. As determinações dos níveis de mercúrio são realizadas usando espectrometria atômica de fluorescência.

Fonte: US EPA. Adaptado de *Compendium of Methods for the Determination of Inorganic Compounds in Ambient Air. US Environmental Protection Agency, 1999*

7.6 EQUIPAMENTOS DE BAIXO CUSTO

Os equipamentos de baixo custo não possuem certificação como equipamentos de referência ou equivalentes e, assim, não são utilizados para os fins de monitoramento dedicado a atender a legislação. Porém, esse tipo de equipamento pode ser de utilidade, especialmente em países com menores recursos, para fazer determinações semi-quantitativas que permitirão identificar as regiões com piores condições de qualidade do ar que no futuro deverão ser priorizadas pelas redes de monitoramento.

Esse tipo de equipamento é de pequeno porte e funcionamento automático e geralmente é desenhado para a determinação de material particulado fino ($MP_{2,5}$) e MP_{10}. Muitos deles são operados por particulares, empresas e universidades formando redes de monitoramento (conectadas via internet) com alcance internacional, que disponibilizam os dados gratuitamente em tempo real. Os resultados determinados por uma dessas redes são mostrados na Figura 7.11 e correspondem a índices de qualidade do ar (IQA) calculados conforme as concentrações de $MP_{2,5}$ medidas em cada local.

Figura 7.11 Exemplo de resultados disponíveis na internet para uma rede de monitoramento de baixo custo.

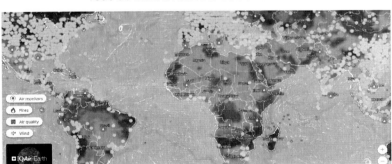

Fonte: IQAir/Earth

7.7 MONITORAMENTO INDOOR

No Brasil, a ANVISA publicou a Resolução n° 176, de 24 de outubro de 2000, com orientações técnicas elaboradas pelo Grupo Técnico Assessor sobre padrões Referenciais de Qualidade do Ar Interior em ambientes climatizados artificialmente e de uso público e coletivo, na qual são detalhadas as normas técnicas para amostragem e análise de bioaerossol, dióxido de carbono e aerodispersóides e para a determinação de temperatura, umidade e velocidade do ar.

Existem também documentos completos de outros países, por exemplo, a Agência Portuguesa do Ambiente publicou em 2009 um Guia Técnico completo para a determinação de ar em espaços interiores, que inclui o detalhamento dos métodos para a medição de dióxido de carbono, monóxido de carbono, formaldeído, COV, partículas e aerossóis, ozônio, radônio e microrganismos. A US EPA também publicou, em 1990, um compêndio de dez capítulos, detalhando os métodos recomendados para determinação de COV, nicotina, monóxido e dióxido de carbono, dióxido de nitrogênio, formaldeído, compostos policíclicos aromáticos, material particulado e aerossóis, pesticidas e ácidos.

Para o dióxido e monóxido de carbono, o método mais recomendado é a determinação com um analisador de absorção no infravermelho, devido a sua sensibilidade e a capacidade de monitoramento contínuo e instantâneo, seja com um analisador portátil ou um instrumento mais robusto, adequado para realizar leituras contínuas em um local fixo.

Em ambientes internos, o material particulado pode ser coletado usando um impactador, de um ou de vários estágios, projetado para medir a concentração e distribuição de tamanhos de espécies aeróbicas de bactérias e fungos. Esses equipamentos são chamados de amostradores de bioaerossol, amostradores de microrganismos, amostradores de aerossóis vivos ou amostradores de partículas viáveis. Existem equipamentos especificamente desenhados para ar interior, disponíveis comercialmente no Brasil, e que atendem as exigências da legislação.

O funcionamento desses amostradores é bastante simples. O ar é aspirado, através do impactador, com uma bomba de vácuo. Quando o ar entra no impactador acelera através dos orifícios de jateamento. As partículas maiores são inercialmente impactadas e retidas em uma placa de Petri contendo um ágar apropriado aos microrganismos. Após a coleta a placa é incubada e contada mediante um método aceitável. Em um caso típico, é possível determinar bactérias e fungos de 0,65 a 22 μm suspensas em ar ambiente. No caso de impactadores de vários estágios são usadas várias placas de Petri e o ar flui em cascata através dos estágios de orifícios sendo possível separar as partículas por tamanhos. Por exemplo, em um impactador típico de 6 estágios, as faixas de tamanho são: ≥7; 7,7-7,0; 3,3-4,7; 2,1-3,3; 1,1-2,1 e 0,65-1,1 μm.

Os compostos orgânicos são determinados normalmente utilizando os métodos já descritos para ambientes externos.

REFERÊNCIAS BIBLIOGRÁFICAS DESTE CAPÍTULO

ANVISA. Resolução n° 176, de 24 de outubro de 2000. Disponível em: http://www.pncq.org.br/uploads/2015/qualinews/RE%20 176%202000.pdf.

ARBILLA, G.; RODRIGUES, J. R. B. A.; DA SILVA, C. M., Material Particulado Fino: a Legislação Brasileira à Luz das Recomendações da Organização Mundial da Saúde, *Revista Virtual de Química*, v. 14, p. 359-371, 2022.

COMPANHIA AMBIENTAL DO ESTADO DE SÃO PAULO, CETESB. Qualidade do ar. Disponível em: https://cetesb.sp.gov.br/ar/ boletim-diario/.

DANTAS, G.; SICILIANO, B.; FRANÇA, B. B.; ESTEVAM, D. O.; DA SILVA, C. M.; ARBILLA, G. Using mobility restriction experience for urban quality management. *Atmospheric Pollution Research*, v. 12, p. 101119, 2121.

DATA RIO. Estações de Monitoramento da Qualidade do Ar. MonitorAr. Disponível em: https://www. data.rio/datasets/esta%C3%A7%C3%B5es-de-monitoramento-da-qualidade-do-ar-monitorar/ explore?location=-22.925661%2C-43.402788%2C11.82

DOMINUTTI, P. A.; NOGUEIRA, T.; BORBON, A.; ANDRADE, M. DE F.; FORNARO, A. One-year of NMHCs hourly observations in São Paulo megacity: meteorological and traffic emissions effects in a large ethanol burning context, *Atmospheric Environment*, v. 142, p. 371-382, 2016.

FINLAYSSON-PITTS, B. J., PITTS, J. N. *Chemistry of the Upper and Lower Atmosphere. Theory, Experiments and Applications.* Academic Press, 2000.

INSTITUTO DE ENERGIA E AMBIENTE. Plataforma da Qualidade do Ar. Disponível em: https://energiaeambiente.org.br/qualidadedoar.

INSTITUTO DO MEIO AMBIENTE DO ESTADO DO ESPÍRITO SANTO. Disponível em: https://iema.es.gov.br/qualidadedoar/ dadosdemonitoramento/automatica.

MINISTÉRIO DO MEIO AMBIENTE. Guia técnico para o monitoramento e avaliação da qualidade do ar. Disponível em: https://www.gov.br/mma/pt-br/assuntos/agendaambientalurbana/ar-puro/GuiaTecnicoparaQualidadedoAr.pdf.

RESOLUÇÃO n° 491, de 19 de novembro de 2018. Disponível em: https://www.in.gov.br/materia/-/asset_publisher/Kujrw0TZC2Mb/content/id/51058895.

RESOLUÇÃO CONAMA n° 436, de 22 de dezembro de 2011. Disponível em: https://www.normasbrasil.com.br/norma/resolucao-436-2011_114141.html.

RESOLUÇÃO CONAMA n° 492, de 20 de dezembro de 2018. Disponível em: https://www.in.gov.br/materia/-/asset_publisher/Kujrw0TZC2Mb/content/id/56643907/do1-2018-12-24-resolucao-n-492-de-20-de-dezembro-de-2018-56643731

SECRETARIA MUNICIPAL DE MEIO AMBIENTE DO RIO DE JANEIRO. Boletim de Qualidade do Ar. Disponível em: http://jeap.rio.rj.gov.br/je-metinfosmac/boletim.

SEINFELD, J. H.; PANDIS, S. N. Atmospheric Chemistry and Physics. From Air Pollution to Climate Change. John Willey & Sons, 1998.

SICILIANO, B.; DANTAS, G.; DA SILVA, C. M.; ARBILLA G. Increased ozone levels during the COVID-19 lockdown: Analysis for the city of Rio de Janeiro, Brazil. Science of the Total Environment, v. 737, p. 139765, 2020.

SILVA, C. M.; ARBILLA, G. Poluição Indoor. Revista de Química Industrial, v. 757, p. 19-28, 2017.

SILVA, C. M.; SOUZA, E. C. C. A.; DA SILVA, L. L.; OLIVEIRA, R. L.; ARBILLA, G., CORRÊA, S. M., Evaluation of TO-15 method eficiency to determine volatile organic compounds in typical urban conditions, Química Nova, v. 39, p. 1245-1253, 2016.

US EPA. Compendium of Methods for the Determination of Inorganic Compounds in Ambient Air. US Environmental Protection Agency. Disponível em: https://www.epa.gov/amtic/compendium-methods-determination-inorganic-compounds-ambient-air.

US EPA. Compendium of Methods for the Determination of Toxic Organic Compounds in Ambient Air – Second Edition. US Environmental Protection Agency. Disponível em: https://www.epa.gov/amtic/compendium-methods-determination-toxic-organic-compounds-ambient-air.

US EPA. Compendium Method TO-17. Determination of Volatile Organic Compounds in Ambient Air Using Active Sampling Onto Sorbent Tubes. US Environmental Protection Agency. https://www.epa.gov/sites/default/files/2019-11/documents/to-17r.pdf, 1999.

US EPA. Method TO 15A. Determination of Volatile Organic Compounds (VOCs) in Air Collected in Specially Prepared Canisters and Analyzed by Gas Chromatography-Mass Spectrometry (GC-MS). US Environmental Protection Agency. https://www.epa.gov/sites/production/files/2019-12/documents/to-15a_vocs.pdf., 2019

US EPA. Terms of Environment. Glossary, Abbreviations and Acronyms. Disponível em: encurtador.com.br/amPUY

VALLERO, D. A. Fundamentals of Air Pollution. 4th Edition. Elsevier. 2008.

WHO, World Health Organization. What are the WHO air quality guidelines?, 2021. Disponível em: https://www.who.int/news-room/feature-stories/detail/what-are-the-who-air-quality-guidelines.

WHO, World Health Organization. WHO expert consultation: available evidence for the future update of the WHO Global Air Quality Guidelines (AQGs), 2015. Disponível em: https://apps.who.int/iris/handle/10665/341714.

CAPÍTULO 8:
LEGISLAÇÃO

O gerenciamento da qualidade do ar é muito complexo e requer a determinação das concentrações de espécies orgânicas e inorgânicas prejudiciais à saúde e bem-estar das pessoas e outros seres vivos e a adoção de métodos adequados para essas determinações assim como de padrões indicativos dos níveis de concentração seguros ou aceitáveis para um dado cenário. Como mostrado no Capítulo 7, a determinação dos níveis de poluentes é realizada seguindo métodos bem estabelecidos (de referência ou equivalentes), geralmente contemplados na legislação ou em documentos emitidos pelos órgãos competentes.

Já os *Padrões de Qualidade do Ar* (em inglês, *Air Quality Standards, AQSs*) são estabelecidos seguindo recomendações de estudos de saúde e principalmente os documentos elaborados pelas equipes da Organização Mundial da Saúde. Esses padrões de qualidade do ar são definidos como os níveis de concentração de poluentes que, segundo a legislação de um país, não devem se excedidos em uma determinada área, para um determinado período de tempo. Assim, esses padrões podem variar entre diferentes países e, eventualmente, entre diferentes regiões de um mesmo país. Por outro lado, a OMS elabora documentos com estudos e recomendações sobre os níveis de poluentes considerados seguros. Esses documentos e valores são chamados de *Guia de Qualidade do Ar* (em inglês, *Air Quality Guidelines, AQGs*).

8.1 GUIAS DE QUALIDADE DO AR DA OMS

Como já relatado no Capítulo 4, as primeiras orientações da OMS foram publicadas em 1987 e, desde então foram realizadas diversas atualizações. O documento publicado em 2005 foi utilizado como guia por diversos países e nele estão contidas orientações para os seguintes poluentes: material particulado, ozônio, dióxido de nitrogênio e dióxido de enxofre. O objetivo desse guia foi oferecer uma orientação para a tomada de decisões que permitissem melhorar a qualidade do ar e a saúde pública e, além dos valores finais recomendados, foram sugeridos objetivos de curto prazo para aqueles países com dificuldades em implementar medidas mais rigorosas. Esses valores estão ilustrados no Quadro 8.1.

Quadro 8.1 Valores máximos de concentração propostos pela OMS em 2005

Poluente	Tempo de amostragem	Concentrações ($\mu g \ m^{-3}$)			
		IT-1	IT-2	IT-3	AQG
MP_{10}	Média anual	70	50	30	20
	Média de 24 horas	150	100	75	50
$MP_{2,5}$	Média anual	35	25	15	10
	Média de 24 horas	75	50	37,5	25
O_3	Média de 8 horas	160	-	-	100
NO_2	Média anual	-	-	-	40
	Média de 1 hora	-	-	-	200
SO_2	Média de 24 horas	125	50	-	20
	Média de 10 minutos	-	-	-	500

Notas: IT-1: valor intermediário 1; IT-2: valor intermediário 2; IT-3: valor intermediário 3; AQG: valor final (*Air Quality Guideline*).

Fonte: OMS. *Air quality guidelines – global update*, 2005

Em 2015 foi publicado um novo estudo com recomendações e novas classificações dos poluentes (Quadro 4.1

apresentado no Capítulo 4). A partir dessas informações e de novas evidências, em 2021, os valores sugeridos pela OMS foram atualizados (Quadro 8.2) e, mesmo não tendo força legal em nenhum país, podem ser considerados os limites que atendem de melhor forma o objetivo de reduzir os riscos à saúde da população dentro dos conhecimentos atuais. Dentre esses valores, é importante destacar a redução nos níveis de material particulado, considerado junto ao ozônio, o poluente que apresenta maiores riscos à saúde nos ambientes urbanos.

Quadro 8.2 Valores máximos de concentração propostos pela OMS em 2021

Poluente	Tempo de amostragem	Concentrações ($\mu g \ m^{-3}$)				
		IT-1	IT-2	IT-3	IT-4	AQG
MP_{10}	Média anual	70	50	37,5	25	15
	Média de 24 horas	150	100	75	50	45
$MP_{2,5}$	Média anual	35	25	15	10	5
	Média de 24 horas	75	50	37,5	25	15
O_3	Média de 8 horas	160	120	-		100
NO_2	Média anual	40	30	20		10
	Média de 24 horas	120	50	-	-	25
SO_2	Média de 24 horas	125	50	-		25
CO*	Média de 24 horas	7	-	-		4

Notas: *mg m^{-3}, IT-1: valor intermediário 1; IT-2: valor intermediário 2; IT-3: valor intermediário 3; IT-4: valor intermediário 4; AQG: valor final (*Air Quality Guideline*).

8.2 PADRÕES NACIONAIS DE QUALIDADE DO AR NO BRASIL

No Brasil, os primeiros Padrões de Qualidade do Ar foram estabelecidos pelo Conselho Nacional do Meio Ambiente

(CONAMA) do Ministério do Meio Ambiente, através da Resolução nº 3 de 28 de junho de 1990. Na época esses padrões representaram uma grande contribuição ao objetivo do controle ambiental, atendendo ao Programa Nacional de Controle da Qualidade do Ar (PRONAR) previsto na Resolução nº 5 de 15 de junho de 1989. A Resolução de 1990 previa a classificação dos padrões em primários e secundários. Os primeiros são *"concentrações de poluentes que ultrapassadas, poderão afetar a saúde da população"*, os segundos são *"concentrações abaixo das quais se prevê um mínimo de efeito adverso sobre o bem-estar da população, assim como o mínimo de dano à fauna, flora, aos materiais e ao meio ambiente"*. Os poluentes contemplados nessa resolução foram: partículas totais em suspensão, fumaça, partículas inaláveis (MP_{10}), dióxido de enxofre, dióxido de nitrogênio, ozônio e monóxido de carbono.

Porém, o aumento populacional, do uso de combustíveis fósseis, dos empreendimentos industriais e a circulação de veículos, assim como os novos conhecimentos científicos, tornaram essa legislação totalmente desatualizada. Após 30 anos, em 19 de novembro de 2018, foi publicada a Resolução 491, baseada no Guia de Qualidade do Ar da OMS publicada em 2005 e mostrada no Quadro 8.1. No Quadro 8.3 são mostrados os valores determinados nas Resoluções de 1990 e de 2018. Da mesma forma que nas recomendações da OMS, a Resolução 491 contempla valores intermediários e um valor final.

Quadro 8.3 Padrões de Qualidade do ar estabelecidos pelo Brasil em 1990 (padrões primários) e em 2018 (valores intermediários e finais)

Poluente	Tempo de amostragem	Concentrações ($\mu g\ m^{-3}$)				
		1990	PI-1	PI-2	PI-3	PF 2018
MP_{10}	Média anual	50	40	35	30	20
	Média de 24 horas	150	120	100	75	50
$MP_{2,5}$	Média anual	-	20	17	15	10
	Média de 24 horas	-	60	50	37	25
O_3	Média de 8 horas	-	140	130	120	100
	Média de 1 hora	160*	-	-	-	-
NO_2	Média anual	100*	60	50	45	40
	Média de 1 hora	320*	260	240	220	200
SO_2	Média de 24 horas	365*	125	50	30	20
	Média anual	80	40	30	20	-
CO	Média de 8 horas	9	-	-	-	9**
Pb ***	Média anual		-	-	-	0,5
MPT	Média de 24 horas	240	-	-	-	240

Notas: PF: padrão final; PI: valor intermediário; Média anual: média anual aritmética; média de 1 hora: média aritmética de 1 hora; média de 8 horas: média máxima (móvel de 8 horas obtida durante o dia; *: padrão primário; **: unidades em ppm; ***: Pb determinado em MPT; MPT: material particulado total.

Fonte: Resolução CONAMA n° 3, de 28 de junho de 1990 e Resolução CONAMA n° 491, de 19 de novembro de 2018

Como avanço da nova legislação deve ser mencionada a inclusão do $MP_{2,5}$ e atualização dos valores finais de acordo com as recomendações da OMS de 2005. Porém, pouco depois esses valores ficaram desatualizados, ao ser publicado o guia de 2021. Mais grave ainda é o fato de que não foram estabelecidos prazos para atingir os valores intermediários (IT-2 e IT-3) e o valor final. Como indicado no Artigo 4:

> *"§ 3° Os Padrões de Qualidade do Ar Intermediários e Final – PI-2, PI-3 e PF serão adotados, cada um, de forma subsequente, levando em consideração os Planos de Controle de Emissões Atmosféricas e os Relatórios de Avaliação da Qualidade do Ar, elaborados pelos órgãos estaduais e distrital de meio ambiente, conforme os artigos 5° e 6°, respectivamente.*
>
> *§ 4° Caso não seja possível a migração para o padrão subsequente, prevalece o padrão já adotado."*

Segundo a Resolução de 2018, fica sob responsabilidade dos órgãos ambientais estaduais e distrital elaborar um Plano de Controle de Emissões Atmosféricas, em até 3 anos a partir da entrada em vigor da Resolução, elaborar relatórios de acompanhamento do plano cada 3 anos e encaminhar ao Ministério do Meio Ambiente os resultados alcançados no primeiro trimestre do quinto ano de publicação, com dados de monitoramento e a evolução da qualidade do ar. A elaboração do Guia Técnico para monitoramento, já discutido no Capítulo 7, também está contemplada na Resolução.

O Guia técnico para o monitoramento e avaliação da qualidade do ar estabeleceu, também, os critérios para o cálculo dos Índices de Qualidade do Ar (IQAr). O IQAr foi criado para facilitar a divulgação dos resultados do monitoramento da qualidade do ar no curto prazo (diariamente), possibilitando que a população disponha dessas informações de uma forma simples e concisa. Os poluentes que devem ser considerados para o cálculo do IQAr foram estabelecidos pela Resolução CONAMA n° 491/2018, no anexo IV, e os valores recomendados como "bons" são os padrões finais indicados pela mesma. Para cada poluente é calculado um índice (um valor adimensional) e a partir desses valores a qualidade do ar recebe uma qualificação como indicado no Quadro 8.4.

Quadro 8.4 Índices de Qualidade do Ar (IQAr) no Brasil

Qualidade do Ar	Índice	MP_{10} ($\mu g\ m^{-3}$) 24 horas	$MP_{2,5}$ ($\mu g\ m^{-3}$) 24 horas	O_3 ($\mu g\ m^{-3}$) 8 horas	CO (ppm) 8 horas	NO_2 ($\mu g\ m^{-3}$) 1 hora	SO_2 ($\mu g\ m^{-3}$) 24 horas
N1 Boa	0-40	0-50	0-25	0-100	0-9	0-200	0-20
N2 Moderada	41-80	>50-100	>25-50	>100-130	>9-11	>200-240	>20-40
N3 Ruim	81-120	>100-150	>50-75	>130-160	>11-13	>240-320	>40-365
N4 Muito ruim	121-200	>150-250	>75-125	>160-200	>13-15	>320-1.130	>365-800
N5 Péssima	201-400	>250-600	>125-300	>200-800	>15-20	>1.130-3.750	>800-2.620

Fonte: Resolução CONAMA n° 491/2018 (anexo IV) e Guia técnico para o monitoramento e avaliação da qualidade do ar, 2019

O cálculo do IQAr para cada poluente é realizado considerando os limites estabelecidos no Quadro 8.4 e a equação (8.1):

$$IQAr\ (i) = I_{min} + [(I_{max} - I_{min})/(C_{max} - C_{min})]/(C - C_{min}) \qquad (8.1)$$

onde:

$IQAr\ (i)$ = índice de qualidade do ar para o poluente i

C = concentração média do poluente

I_{max} = IQAr máximo para o intervalo de concentração em que se encontra o poluente (ou seja, o valor C)

I_{min} = IQAr mínimo para o intervalo de concentração em que se encontra o poluente (ou seja, o valor C)

C_{max} = Concentração máxima do intervalo de concentração em que se encontra o poluente (ou seja, o valor C)

C_{min} = Concentração mínima do intervalo de concentração em que se encontra o poluente (ou seja, o valor C)

Após o cálculo do IQAr para cada um dos poluentes (CO, SO_2, NO_2, O_3, $MP_{2,5}$ e MP_{10}), é informado o valor máximo, ou seja, o IQAr final é o do poluente que deu o valor maior. Segundo o Guia técnico para o monitoramento, os valores de IQAr devem ser divulgados para a população indicando os locais de monitoramento, datas e horários e informações sobre os efeitos sobre a saúde (Quadro 8.5).

Quadro 8.5 Índices de Qualidade do Ar e possíveis efeitos sobre a saúde

IQAr	Condição	Possíveis efeitos sobre a saúde
0-40	Boa	-
41-80	Moderada	Pessoas de grupos sensíveis (crianças, idosos e pessoas com doenças respiratórias e cardíacas) podem apresentar sintomas como tosse seca e cansaço.
81-120	Ruim	Toda a população pode apresentar sintomas como tosse seca, cansaço, ardor nos olhos, nariz e garganta. Pessoas de grupos sensíveis podem apresentar efeitos mais sérios sobre a saúde.
121-200	Muito ruim	Toda a população pode apresentar agravamento dos sintomas como tosse seca, cansaço, ardor nos olhos, nariz e garganta e ainda falta de ar e respiração ofegante.
>200	Péssima	Toda a população pode apresentar sérios riscos de manifestações de doenças cardiovasculares e respiratórias. Aumento de mortes prematuras em pessoas de grupos sensíveis.

Fonte: Guia técnico para o monitoramento e avaliação da qualidade do ar, 2019

É importante notar que o cálculo correto dos IQAr envolve monitorar todos os poluentes indicados no Quadro 8.4. Nas cidades brasileiras os poluentes que geralmente ultrapassam os limites estabelecidos são material particulado e ozônio. Como na maioria das estações não é realizado monitoramento contínuo do $MP_{2,5}$, os IQAr calculados sem esses valores podem levar a resultados que não refletem a qualidade do ar local.

8.3 PADRÕES DE QUALIDADE DO AR NO ESTADO DE SÃO PAULO

O estado de São Paulo foi pioneiro ao estabelecer os primeiros padrões de qualidade do ar estaduais em 1976, pelo

Decreto Estadual n° 8.468/76. Em 2008, iniciou um processo de revisão dos padrões de qualidade do ar, baseando-se nas diretrizes da OMS de 2005, com participação de representantes de diversos setores da sociedade. Este processo culminou na publicação do Decreto Estadual n° 59.113 de 23 de abril de 2013, estabelecendo novos padrões por intermédio de um conjunto de metas gradativas e progressivas até atingir os níveis desejáveis.

Segundo esse decreto, as metas intermediárias (MI) são valores temporários a serem cumpridos em etapas, até serem atingidos os padrões finais (PF). Esses critérios foram adotados posteriormente em nível nacional através da Resolução CONAMA n° 491 de 2018 (Quadro 8.3). Porém, no estado de São Paulo foi estabelecido um prazo para a entrada em vigência da segunda etapa. Os valores da meta intermediária MI 1 entraram em vigência em 24 de abril de 2013 e os da meta intermediária MI 2 em 1 de janeiro de 2022, após a avaliação realizada da Etapa 1 e da deliberação do Conselho Estadual de Meio Ambiente (Deliberação CONSEMA n° 4 de 19 de maio de 2021).

Os valores da meta intermediária MI 3 entrarão em vigor futuramente, após novos relatórios técnicos e avaliações do CONSEMA. Os valores vigentes e finais do estado de São Paulo são mostrados no Quadro 8.6.

Quadro 8.6 Padrões de Qualidade do ar estabelecidos pelo estado de São Paulo em 2013 (metas intermediárias e padrões finais)

Poluente	Tempo de amostragem	MI 2 ($\mu g\ m^{-3}$) vigente	MI 3 ($\mu g\ m^{-3}$)	PF ($\mu g\ m^{-3}$)
MP_{10}	MAA	35	30	20
	Média de 24 horas	100	75	50
$MP_{2,5}$	MAA	17	15	10
	Média de 24 horas	50	37	25
O_3	Média de 8 horas	130	120	100
	Média de 1 hora	-	-	-
NO_2	MAA	50	45	40
	Média de 1 hora	240	220	200
SO_2	Média de 24 horas	40	30	20
	MAA	30	20	-
CO	Média de 8 horas	-	-	9*
Pb **	MAA	-	-	0,5
MPT	Média de 24 horas	-	-	240
	MGA			80

Notas: PF: padrão final; MI: meta intermediária; MAA: média anual aritmética; MGA: média geométrica anual; *: unidades em ppm; **: Pb determinado em MPT; MPT: material particulado total.

Fonte: CETESB. Padrões de Qualidade do Ar

Os IQAr são calculados da mesma forma que a nível nacional e são divulgados através da página da CETESB na forma de arquivos com dados horários para todas as estações, de um boletim diário em forma de tabela, calculado conforme os critérios do Quadro 8.4, e de um mapa com dados horários atualizados.

REFERÊNCIAS BIBLIOGRÁFICAS DESTE CAPÍTULO

ANVISA. Resolução n° 176, de 24 de outubro de 2000. Disponível em: http://www.pncq.org.br/uploads/2015/qualinews/RE%20 176%202000.pdf.

ARBILLA, G.; RODRIGUES, J. R. B. A.; DA SILVA, C. M., Material Particulado Fino: a Legislação Brasileira à Luz das Recomendações da Organização Mundial da Saúde, *Revista Virtual de Química*, v. 14, p. 359-371, 2022.

COMPANHIA AMBIENTAL DO ESTADO DE SÃO PAULO, CETESB. Qualidade do ar. Disponível em: https://cetesb.sp.gov.br/ar/ boletim-diario/.

COMPANHIA AMBIENTAL DO ESTADO DE SÃO PAULO, CETESB. Padrões de Qualidade do Ar. Disponível em: https://cetesb.sp.gov.br/ ar/padroes-de-qualidade-do-ar/.

DATA RIO. Estações de Monitoramento da Qualidade do Ar. MonitorAr. Disponível em: https://www. data.rio/datasets/esta%C3%A7%C3%B5es-de-monitoramento-da-qualidade-do-ar-monitorar/ explore?location=-22.925661%2C-43.402788%2C11.82

INSTITUTO DE ENERGIA E AMBIENTE. Plataforma da Qualidade do Ar. Disponível em: https://energiaeambiente.org.br/qualidadedoar.

INSTITUTO DO MEIO AMBIENTE DO ESTADO DO ESPÍRITO SANTO. Disponível em: https://iema.es.gov.br/qualidadedoar/ dadosdemonitoramento/automatica.

MINISTÉRIO DO MEIO AMBIENTE. Guia técnico para o monitoramento e avaliação da qualidade do ar. Disponível em: https://www.gov.br/mma/pt-br/assuntos/agendaambientalurbana/ ar-puro/GuiaTecnicoparaQualidadedoAr.pdf

RESOLUÇÃO CONAMA N° 3, de 28 de junho de 1990. Disponível em: https://www.ibram.df.gov.br/images/resol_03.pdf.

RESOLUÇÃO CONAMA N° 491, de 19 de novembro de 2018. Disponível em: https://www.in.gov.br/materia/-/asset_publisher/ Kujrw0TZC2Mb/content/id/51058895.

RESOLUÇÃO CONAMA N° 436, de 22 de dezembro de 2011. Disponível em: https://www.normasbrasil.com.br/norma/resolucao-436-2011_114141.html.

RESOLUÇÃO CONAMA N° 492, de 20 de dezembro de 2018. Disponível em: https://www.in.gov.br/materia/-/asset_publisher/Kujrw0TZC2Mb/content/id/56643907/do1-2018-12-24-resolucao-n-492-de-20-de-dezembro-de-2018-56643731

SECRETARIA MUNICIPAL DE MEIO AMBIENTE DO RIO DE JANEIRO. Boletim de Qualidade do Ar. Disponível em: http://jeap.rio.rj.gov.br/je-metinfosmac/boletim.

SICILIANO, B.; DANTAS, G.; DA SILVA, C. M.; ARBILLA, G., The updated Brazilian National Air Quality Standards: A critical review, *Journal of the Brazilian Chemical Society*, v. 31, p. 523-535, 2019.

WHO, World Health Organization. Air quality guidelines-global update 2005. Disponível em: https://apps.who.int/iris/bitstream/handle/10665/107823/9789289021920-eng.pdf?sequence=1&isAllowed=y.

WHO, World Health Organization. What are the WHO air quality guidelines?, 2021. Disponível em: https://www.who.int/news-room/feature-stories/detail/what-are-the-who-air-quality-guidelines.

WHO, World Health Organization. WHO expert consultation: available evidence for the future update of the WHO Global Air Quality Guidelines (AQGs), 2015. Disponível em: https://apps.who.int/iris/handle/10665/341714.

CAPÍTULO 9:
EFEITO ESTUFA E MUDANÇAS CLIMÁTICAS

A presença de poluentes na atmosfera, tanto gases como material particulado, pode ser observada independente da ação do homem. Efeitos naturais como as atividades vulcânicas, e queimadas em épocas de estiagem são exemplos de atividades não antrópicas poluidoras da atmosfera. Contudo, conforme já discutido anteriormente, são as atividades antropogênicas as maiores responsáveis pelo aumento nos níveis de concentração destes poluentes, intensificação da poluição e danos ao meio ambiente e saúde humana.

A intensificação na emissão de substâncias para a atmosfera tem resultado em impactos não somente quanto os aspectos toxicológicos ao meio ambiente e seres vivos, mas tem trazido consequências ao balanço energético do planeta, promovendo alterações climáticas, e que por sua vez, acarretam outros distúrbios ecossistêmicos.

Como apresentado no Capítulo 2, a atmosfera desempenha papel fundamental no balanço energético e manutenção da temperatura do planeta, e isso se deve à presença de determinadas espécies químicas presentes na atmosfera, tais como o vapor d'água, CO_2, CH_4 e N_2O, que absorvem a energia emitida pela Terra, após o seu aquecimento a partir da absorção dos raios solares.

Esta energia emitida pela Terra está em uma região do espectro chamada de infravermelho térmico, sendo assim uma energia em forma de calor.

Todas as moléculas, inclusive as da atmosfera, experimentam movimentos internos vibracionais através dos chamados estiramentos de ligação, que são os movimentos oscilatórios de dois átomos ligados entre si, e vibrações de deformação angular que alteram a distância entre dois átomos ligados a um átomo em comum, mas não ligados entre eles. Quando a frequência de tais movimentos é coincidente a uma determinada frequência de radiação de infravermelho incidida, tal radiação é absorvida e ocorre um aumento dos ditos movimentos, sendo exatamente o que acontece com as moléculas como vapor d'água, CO_2, CH_4 e N_2O.

Posteriormente a molécula retorna ao estado de vibração original, a quantidade de energia que antes havia sido absorvida é devolvida ao ambiente sob a forma de calor.

Uma vez devolvida ao ambiente sob a forma de calor, esta energia é dissipada e transferida por condução para as demais moléculas existentes na atmosfera, provocando um aquecimento adicional tanto da superfície quanto do ar, e este fenômeno natural é chamado de Efeito Estufa, e as moléculas capazes de promover este fenômeno são chamadas de gases de Efeito Estufa (GEE), conforme ilustrado na Figura 9.1.

Figura 9.1 Esquema do Efeito Estufa.

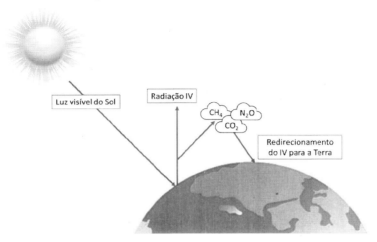

Fonte: Os autores

O Efeito Estufa é o responsável pela temperatura média na Terra ser cerca de +15°C em vez de – 15°C (que é o que ocorreria se os GEE que permitem este efeito não estivessem presentes na atmosfera terrestre). O aumento da concentração dos GEE resulta em uma maior quantidade de energia infravermelha térmica retida, aumentando assim o calor irradiado, elevando a temperatura média da superfície além dos 15°C, o que pode ser chamado de Efeito Estufa intensificado.

9.1   GASES DO EFEITO ESTUFA (GEE)

Para que uma molécula absorva energia a frequência da luz deve coincidir com a da vibração da molécula, ou considerando o acoplamento rotacional a faixa de frequência da radiação deve coincidir com a energia vibro-rotacional. Alguns gases dispersos na atmosfera terrestre realizam movimentos vibratórios e/ou rotacionais na mesma faixa de comprimento de onda que o da luz infravermelha que é refletida pela superfície da Terra. Essas moléculas são, portanto, capazes de, através da absorção do infravermelho térmico, acentuar em menor ou maior escala o Efeito Estufa.

Dentre os gases constituintes da atmosfera que poderiam contribuir para o Efeito Estufa, podem-se descartar os átomos livres e as moléculas diatômicas homo e heteronucleares, como o N_2 ou CO, por exemplo.

A regra geral para a absorção de radiação por uma vibração molecular é a de que o momento de dipolo elétrico da molécula se altere quando os átomos forem deslocados um em relação aos outros. As vibrações desse tipo são chamadas de ativas no infravermelho. As moléculas diatômicas homonucleares não conseguem absorver luz IR (infravermelho), uma vez que não possuem momento dipolar permanente e não variam o momento dipolar transitório, de acordo com a vibração dos dois átomos. Já as moléculas diatômicas heteronucleares são ativas no IR, pois possuem momento dipolar permanente devido à diferença de eletronegatividade existente entre os dois átomos constituintes da molécula, entretanto este tipo de molécula apresenta apenas um único modo vibracional possível, aquele em que a ligação se alonga e se contrai.

Moléculas com três ou mais átomos possuem vários modos de vibração, pois todos os comprimentos de ligação e todos os ângulos podem se alterar, muito embora não possuam momento dipolar permanente. Isso porque o centro de massa da molécula tende a não se mover, e por isso, todos os átomos da molécula participam de cada modo normal, para que o centro da massa fique mais fixo. Para moléculas triatômicas lineares, por exemplo, o número de vibrações é quatro $[3N - 5 = 3(3) - 5 = 4]$, ou seja, três a mais que uma molécula diatômica. Logo a possibilidade da frequência de uma ou mais dessas vibrações que estejam ocorrendo na molécula seja coincidente com a frequência do espectro do infraverme-lho é grande, permitindo que a mesma absorva IR, e uma vez excitada, o número de vibrações da molécula permite que a mesma possua uma variação em seu modo vibracional, clas-sificando-a como contribuinte para o Efeito Estufa.

Os dois maiores contribuintes para o Efeito Estufa são: o dióxido de carbono (CO_2) e o vapor de água (H_2O) – que serão discutidos mais detalhadamente adiante.

Além do dióxido de carbono e do vapor de água, são en-contrados outros gases contribuintes de elevada importân-cia devido aos seus respectivos tempos de residência ou GWP (*Global Warming Potential*) ou potencial de aquecimento glo-bal, conforme demonstrados no Quadro 9.1, e posteriormen-te descritos, ao qual se denominam de gases traço.

O Quadro 9.1 mostra detalhadamente todos os GEE e algu-mas de suas características intrínsecas.

Quadro 9.1 Gases do GEE e características intrínsecas

Espécies	Fórmula Química	Tempo de vida (anos)	Potencial de aquecimento global (horizonte de tempo)		
			20 anos	100 anos	500 anos
Dióxido de carbono	CO_2	Variável	1	1	1
Metano	CH_4	12±3	56	21	6,5
Óxido nitroso	N_2O	120	280	310	170
Ozônio	O_3	0,1-0,3	N.d.	N.d.	N.d.
HFC-23	CHF_3	264	9.100	11.700	9.800
HFC-32	CH_2F_2	5,6	2.100	650	200
HFC-41	CH_3F	3,7	490	150	45

HFC-43-10mee	$C_5H_2F_{10}$	17,1	3.000	1.300	400
HFC-125	C_2HF_5	32,6	4.600	2.800	920
HFC-134	$C_2H_2F_4$	10,6	2.900	1.000	310
HFC-134a	CH_2FCF_3	14,6	3.400	1.300	420
HFC-152a	$C_2H_4F_2$	1,5	460	140	42
HFC-143	$C_2H_3F_3$	3,8	1.000	300	94
HFC-143a	$C_2H_3F_3$	48,3	5.000	3.800	1.400
HFC-227ea	C_3HF_7	36,5	4.300	2.900	950
HFC-236fa	$C_3H_2F_6$	209	5.100	6.300	4.700
HFC-145ca	$C_3H_3F_5$	6,6	1.800	560	170
Hexafluoreto de enxofre	SF_6	3.200	16.300	23.900	34.900
Perfluorometano	CF_4	50.000	4.400	6.500	10.000
Perfluoroetano	C_2F_6	10.000	6.200	9.200	14.000
Perfluoropropano	C_3F_8	2.600	4.800	7.000	10.100
Perfluorociclobutano	$C\text{-}C_4F_8$	3.200	6.000	8.700	12.700
Perfluoropentano	C_5F_{12}	4.100	5.100	7.500	11.000
Perfluorohexano	C_6F_{14}	3.200	5.000	7.400	10.700

Notas: N.d.: não determinado.

Fonte: IPCC, 1996.

9.1.1 Componentes traço

Os componentes traço (majoritariamente gases) são aqueles que contribuem para o Efeito Estufa, com pequenas concentrações em termos absolutos na atmosfera, porém com grandes consequências, devido as suas altas capacidades de indução deste fenômeno. Muitos são os fatores que interferem na capacidade destes gases para o aquecimento do ar, tais como o seu tempo de vida atmosférico, sua abundância e a taxa de aumento de sua concentração.

O óxido nitroso (N_2O), também conhecido como gás hilariante, é produzido naturalmente pelas florestas tropicais e pelos oceanos. A sua origem antropogênica é derivada de atividades industriais, tais como produção de ácido nítrico e *nylon*, e também, resultante de outras atividades como queima de biomassa e outros combustíveis contendo nitrogênio, e atividades agrícolas.

A sua concentração, apesar de ter aumentado por volta de 20% nos últimos 300 anos, é de apenas 335 ppbv, com uma taxa de crescimento anual de aproximadamente 0,25%. De modo a estabilizar suas atuais concentrações, estima-se a necessidade de uma redução de 75% da produção de óxido nitroso proveniente de fontes antropogênicas.

Além de ter um papel muito importante na destruição da camada de ozônio, hoje é sabido que este também é um importante gás contribuinte para o aumento do aquecimento global e que por molécula, é mais efetivo que o CO_2, aproximadamente 300 vezes mais eficiente. Outro fator agravante para a contribuição deste gás é seu tempo de vida atmosférica (ou tempo de residência), que é de 120 anos, indicando que existem poucos sumidouros para este gás.

Os CFC, compostos gasosos de átomos de carbono ligados a flúor e/ou cloro, já foram muito utilizados em refrigeradores, congeladores e aparelhos de ar condicionado, quando foram emitidos em grandes quantidades na atmosfera.

Embora sua produção tenha sido proibida pelo Protocolo de Montreal, devido à sua grande contribuição para a depleção de camada de ozônio, estes gases persistem na atmosfera devido aos seus longos tempos de residência. Por esta longa persistência na atmosfera e pelas exigências do Protocolo de Montreal, os CFC estão sendo substituídos por hidrocloro-fluorcarbonos (HCFC) e hidrofluorcarbonos (HFC), pois estes possuem na sua maioria, um tempo de residência menor, além de absorverem menos energia na faixa do infraverme-lho que os CFC, muito embora ainda apresentem um potencial de aquecimento global muitas vezes superior ao do CO_2.

Os CFC, que têm alta eficiência na absorção de infraverme-lho, possuem, portanto, alto potencial de contribuição para o Efeito Estufa. Cada molécula de CFC corresponde a aproxima-damente 10.000 moléculas de CO_2 em nível de aquecimento.

Este gás, quando formado na troposfera, é proveniente principalmente da poluição resultante de atividades antro-pogênicas, como incêndios em florestas e pastagens, subpro-duto de usinas termoelétricas e motores de veículos, confor-me discutido no Capítulo 4. Muito embora a sua ocorrência na troposfera ocorra em níveis baixos de concentração, esti-ma-se que o ozônio troposférico tenha sido o responsável por 10% aproximadamente do aquecimento global resultante da intensificação do Efeito Estufa.

Os aerossóis, definidos como partículas, líquidas ou só-lidas, dispersas em um meio gasoso, podem ter a sua for-mação em modo natural, como as atividades vulcânicas, por exemplo, ou por meio das atividades poluidoras de ori-gem antrópica.

É sabido que todo material líquido ou sólido tem uma ca-pacidade de reflexão da luz, mesmo quando estas partículas estão dispersas na atmosfera. Logo, algumas destas partí-culas também podem refletir a luz infravermelha que ema-na da Terra, como consequência do aquecimento desta pelos raios solares.

Contudo, devido a sua capacidade refletora, estas partí-culas também acabam por refletir os raios solares que vêm do Sol, impedindo que estes cheguem à superfície da Terra, diminuindo a absorção destes por parte da superfície e a liberação de calor. Portanto, o efeito resultante desta propriedade é o resfriamento da Terra.

Alguns tipos de aerossol, como as partículas de fuligem, conseguem absorver radiação e, além de resfriar a superfície planetária, aquecem a troposfera em níveis médios. O efeito líquido, em ambos os casos, é uma atmosfera mais estável com menor propensão à formação de nuvens.

Através de sua interação com as nuvens, os aerossóis conseguem condensar água em sua superfície e formar gotículas. Logo, uma determinada nuvem, se formada em uma atmosfera carregada de aerossol, terá gotas de chuva menores e em maior número, produzindo uma maior quantidade de gotas que refletem mais radiação solar de volta para o espaço, consequentemente resfriando a atmosfera. Outra contribuição se dá pelo tamanho das gotas, como são menores será menos favorável à produção de chuva, o que mantém a nebulosidade e aumentando a capacidade refletora da Terra.

Com a sua concentração cada dia maior na atmosfera, o metano (CH_4) após a Revolução Industrial e com o aumento do uso de combustíveis fósseis, bem como o desflorestamento e aumento da produção de alimentos, além de outras atividades antropogênicas, mais que dobrou a sua concentração em relação à era pré-industrial, chegando a níveis superiores a 1,9 ppm.

O metano, que inicialmente era chamado de gás do pântano, é produzido através da decomposição anaeróbica de matéria orgânica, principalmente a de origem vegetal.

Uma fonte importante na emissão de metano é ocasionada pelo cultivo de arroz em terrenos úmidos, onde ocorre a decomposição de matéria orgânica que está submersa, assim como em pântanos e em brejos, daí o porquê do nome de como era conhecido – gás dos pântanos.

Outro meio de emissão de metano de relevância é a grande quantidade obtida como subproduto da digestão da celulose que alimenta animais ruminantes, gados bovinos e ovinos além de outros animais selvagens. Também se obtêm uma quantidade significativa de metano através da decomposição anaeróbica da matéria orgânica em aterros sanitários, onde é escassa a presença de oxigênio.

Sendo considerado como um dos mais importantes gases indutores do Efeito Estufa, o metano perde em importância somente para o vapor d'água e o dióxido de carbono.

Uma molécula de metano é capaz de absorver aproximadamente 21 vezes mais radiação IR que uma molécula de CO_2. Contudo, a sua taxa de aumento de concentração é aproximadamente 80 vezes menor que a do CO_2, o que o faz ser menos importante em contribuição para o aquecimento global.

Outro fator que o faz ter menor importância é o seu tempo de residência que dentre os gases indutores do Efeito Estufa é um dos menores, cerca de 12 anos.

A água (H_2O), composto fundamental para a existência de vida, é abundante em toda a parte da Terra. Na atmosfera, a água é encontrada principalmente na forma de vapor, e assim, devido à vibração da deformação angular existente nas ligações oxigênio – hidrogênio, a mesma é capaz de absorver radiação em duas regiões do infravermelho: o pico de absorção para a deformação angular acontece aproximadamente a 6,3 μm. A absorção de luz que leva a um aumento da energia rotacional, sem mudanças na energia vibracional, acontece a 18 μm e em comprimentos de onda maiores.

Pela sua abundância, a água, é o composto que mais contribui para o aquecimento ocasionado pela intensificação do Efeito Estufa, mesmo sendo menos eficiente por molécula que o CO_2.

Devido a sua fartura em sua forma líquida, apresentando-se em oceanos, rios e lagos, à medida que se aumenta a temperatura global, a concentração do vapor d'água aumenta de maneira exponencial na atmosfera, uma vez que como qualquer outro líquido o aumento de temperatura desloca o equilíbrio entre os estados (líquido – vapor) no sentido do vapor. Isso ocorre devido ao seu movimento no ciclo hidrológico, que é mantido pela energia radiante de origem solar e pela atração gravitacional.

O ciclo hidrológico pode ser compreendido pelos fenômenos que permitem que a água passe do globo terrestre para atmosfera, na fase vapor, e regresse ao mesmo, nas fases líquida e sólida, formando assim um ciclo fechado; a transferência de água da superfície do globo para a atmosfera dá-se principalmente pelos processos de evaporação direta e de transpiração das plantas e animais.

O aquecimento pela radiação solar de determinadas regiões do planeta promove a evaporação contínua das águas dos oceanos, que são carregadas em forma de vapor pela circulação normal dos gases da atmosfera. Parte deste vapor condensa-se, formando nuvens que posteriormente se precipitarão em forma de chuva.

Com o aquecimento global induzido pelo aumento nas emissões e concentrações de gases do Efeito Estufa há alterações no ciclo hidrológico. Segundo o Painel Intergovernamental sobre Mudanças Climáticas (IPCC), o aquecimento global já provoca o aumento na quantidade de precipitações em forma de chuva em determinadas regiões, provocando inundações e, em outras regiões, diminuição de chuvas gerando assim secas. Outros eventos provenientes de chuva e condições climáticas também acontecerão com maiores frequências.

Observa-se então que o aumento da temperatura da Terra, seja induzido ou pela água ou por qualquer outro gás, ocasiona um aumento na concentração do vapor de água no ar, o que por consequência aumenta o aquecimento da Terra. Portanto, o aumento nos níveis de concentração de vapor de água na atmosfera na realidade já é uma consequência do aquecimento provocado pela indução do Efeito Estufa por parte do aumento da concentração de outros gases, potencializando, assim, o aquecimento global.

Uma outra questão importante é que a água em sua forma líquida, presente na atmosfera em forma de nuvens também é capaz de absorver e refletir luz no infravermelho. Contudo, alguns estudos mostram que em muitos dos casos, o efeito de aquecimento provocado pela água nas nuvens torna-se nulo, uma vez que quando situadas à baixa altitude as nuvens refletem mais luz solar do que absorvem radiação infravermelha e quando situadas a maiores altitudes o contrário acontece.

Logo, o fato de seu aumento de concentração ser uma questão indireta e não controlável faz com que a água, muitas das vezes, não seja incluída nas preocupações de controle de gases indutores do Efeito Estufa.

$_2$A Revolução Industrial, ocorrida inicialmente na Grã-Bretanha, em meados do século XVIII, e expandindo-se pelo mundo a partir do século XIX, se deu pela necessidade da produção de objetos não encontrados na natureza, que juntamente com o conjunto de avanços científicos e tecnológicos, trouxe um profundo impacto nos processos produtivos, bem como na economia e na vida social da população humana.

A era agrária e artesanal deu o seu lugar à imperiosa era industrial, onde grandes indústrias surgiram com mudanças tecnológicas. De forma a acelerar o processo produtivo, as indústrias substituíram o grande recurso limitado – o homem – por máquinas de maior precisão e rapidez, o que provocou um grande desequilíbrio social na época.

Contudo, para impulsionar estas máquinas, assim como ao homem, é necessário alimentá-las. Em alguns casos aproveitavam-se forças naturais como ventos e correntes de água, mas tornou-se cada vez mais crescente a utilização de forças artificiais, como vapor e eletricidade.

Muito embora a humanidade já utilizasse a queima de carvão e matéria orgânica como galhos secos, para a produção de calor, portanto de energia, a sua utilização em larga e preocupante escala iniciou-se justamente com a Revolução Industrial no século XVIII, com a finalidade de produção de vapor e eletricidade para o funcionamento das máquinas que eram desenvolvidas.

O carvão é formado pela deposição de matéria orgânica de origem vegetal submetida, ao longo do tempo, a altas pressões e temperatura. Estes fatores deram condições a reações que produziram como produto um material rico em carbono grafito, C. A combustão deste material tem como produto a formação de dióxido de carbono (CO_2).

Contudo, durante a sua formação, o carvão incorporou também em sua estrutura alguns elementos de ocorrência natural. Por isso, ao ser queimado, emite não somente CO_2 e H_2O, mas também vários poluentes do ar, como dióxido de enxofre (SO_2), sulfeto de hidrogênio (H_2S), fluoreto de hidrogênio (HF) entre outros, como os metais tóxicos e os Hidrocarbonetos Policíclicos Aromáticos (HPA).

Devido a essas impurezas e por produzir muita fuligem, o carvão teve o seu uso doméstico diminuído à medida que novas fontes de energia foram descobertas ou desenvolvidas. Cabe dizer, todavia, que em países de menor desenvolvimento, o carvão ainda tem o seu uso doméstico, sobretudo para o aquecimento e cocção de alimentos.

O carvão constitui a maior reserva de fonte de energia não renovável (derivada de combustível fóssil) do planeta. Com a sua extração e transporte de baixo custo, além de produzir uma energia maior que os demais combustíveis fósseis, é largamente utilizado na produção de energia elétrica – no acionamento das turbinas em diversos países.

No início do século XX, o petróleo foi descoberto como fonte de energia. Esta grande descoberta impulsionaria o desenvolvimento de novas tecnologias que utilizassem o "óleo de pedra" como principal fonte de energia, sendo capaz de atender as demandas de um elevado consumo energético.

As reservas mundiais de energia confirmadas de petróleo e gás natural somadas não chegam a metade das do carvão. Outro fato importante é que muito embora os números de reservas confirmadas destes combustíveis fósseis aumentem a cada dia, juntamente com a extração de petróleo (com um custo cada vez maior devido às dificuldades do processo de perfuração/extração), este tipo de combustível (fóssil) pode se esgotar, mesmo que isso não ocorra a curto ou médio prazo.

O petróleo e o gás natural, assim como o carvão, também são formados de material de origem orgânica enterrada em épocas remotas, que em situações e submissões diferentes das formadoras do carvão, transformaram-se em hidrocarbonetos – compostos orgânicos que contêm carbono e hidrogênio em sua estrutura.

Não diferentemente do carvão, o petróleo e o gás natural também podem apresentar-se com impurezas. Porém, estas impurezas, como os compostos de enxofre, podem ser eliminadas durante o processamento com uma maior facilidade que no carvão.

A partir da destilação e craqueamento do petróleo, obtêm-se vários outros hidrocarbonetos com alto poder energético, que em sua grande maioria se apresentam na forma líquida, o que facilita o seu manuseio. Estes derivados estão

EFEITO ESTUFA E MUDANÇAS CLIMÁTICAS **175**

presentes no dia a dia da humanidade, já que a maioria dos combustíveis utilizados pelo homem diariamente consiste em mistura desses derivados, como gasolina, diesel, gás de cozinha entre outros. Grande parte destes derivados estão na classe dos Compostos Orgânicos Voláteis (COV).

Os COV emitidos no processo de combustão nos veículos automotores são constituídos principalmente de hidrocarbonetos que resultam da combustão incompleta de combustível, e também, de sua vaporização. Essas contribuições são geralmente classificadas e relatadas como emissões de cárter e evaporativa.

E, conforme já discutido nos Capítulos 4 e 6, alguns COV provocam impactos ambientais negativos quando presentes na atmosfera, seja pela sua participação nos processos de formação de ozônio troposférico (cuja importância para o Efeito Estufa já abordamos), quanto pelos danos à saúde humana, de outros seres vivos e ao meio ambiente. COV como alguns CFC, HCFC e HFC, também tem a capacidade de absorver energia no infravermelho, o que os classifica diretamente como GEE.

Como estes derivados do petróleo podem ser considerados hidrocarbonetos, pode-se de imediato associar a reação (9.1) como uma reação geral de combustão para os combustíveis derivados de petróleo, onde é gerada uma grande quantidade de energia na forma de calor, e que é utilizada para aquecimento de água em caldeiras, produção de energia elétrica e funcionamento de motores entre outras aplicações:

$$C_nH_{2n+2} + (3n+1)\ O_2 \rightarrow nCO_2 + (n+1)H_2O \qquad (9.1)$$

Já para o gás natural, considerando que a seu constituinte principal seja o metano, sua reação de combustão com o oxigênio obedece à reação (9.2):

$$CH_4 + 2\,O_2 \rightarrow CO_2 + 2\,H_2O \qquad (9.2)$$

Como se pode observar, a queima de combustível fóssil não é apenas preocupante pelo fato de que um dia este irá se esgotar (na realidade esta é uma preocupação ínfima, se comparadas a outras). A grande preocupação se dá pela produção de CO_2 como subproduto da produção de energia.

O dióxido de carbono possui um espectro de absorção em uma parte do infravermelho térmico, alcançando o seu máximo em 15 µm, isso devido à vibração de deformação angular gerada pelas ligações O=C. O CO_2 também é capaz de absorver o infravermelho térmico no comprimento de onda de 4,26 µm, isso devido à vibração de estiramento antissimétrico das ligações da molécula.

As moléculas de dióxido de carbono existentes na atmosfera são as responsáveis pela absorção de aproximadamente a metade da luz infravermelha emitida na região de espectro entre 14 e 16 µm, e é justamente nesta faixa de comprimento de onda que existe maior quantidade de energia sendo emitida pela Terra.

Segundo dados do IPCC, desde a Revolução Industrial a taxa de emissão de CO_2 subiu consideravelmente e é diretamente proporcional ao uso de energia comercial proveniente da queima de combustíveis fósseis.

Dados de 2019 estimam que, em média mundial, a emissão anual per capita deste gás na atmosfera seja superior a 10 tCO_2e/habitante (toneladas de CO_2 equivalente por habitante), estando esse valor em crescimento. Outra característica importante desta informação é que estes valores são maiores nos países mais ricos com renda média alta, e menores nos países de renda média baixa ou pobres.

Outra questão de relevância é o tempo de residência da molécula de CO_2 na atmosfera, uma vez que esta não se decompõe nem química e nem fotoquimicamente. Podendo apenas depois alguns anos ser dissolvida na superfície das águas do mar ou ainda tornar-se parte de uma planta em crescimento.

No geral, uma grande quantidade de gás carbônico é extraída da atmosfera a cada primavera e verão, isso devido ao processo de fotossíntese, onde o CO_2 é "capturado", e o carbono, que passa a ser chamado de carbono fixado, se encontra como constituinte de fibras vegetais. Em um ciclo biológico sem alterações e sem relevantes influências humanas, a concentração de CO_2 se mantém em uma considerável estabilidade, apenas com pequenas flutuações sazonais, onde no outono e inverno a atividade de fotossíntese torna-se menor e a quantidade de matéria orgânica em decomposição aumenta, elevando assim a concentração deste gás na atmosfera. Isso compreendendo também a participação do dióxido de carbono proveniente de atividades naturais e constantes, como ações aeróbicas dos seres vivos.

Muitas moléculas de dióxido de carbono retiradas da atmosfera, através da dissolução em superfície da água do mar ou da integração da biomassa de um vegetal, são liberadas de volta ao ar fazendo parte deste ciclo.

Por isso este tipo de "sumidouro de carbono" é considerado temporário. O único sumidouro natural do ciclo do carbono que pode ser considerado permanente para a sua deposição, são as águas profundas dos oceanos, onde ocorre a sua precipitação em forma de carbonato de cálcio.

Contudo, devido a centenas de metros de profundidade e ao complexo intercâmbio entre as águas superficiais e as águas profundas, os oceanos dependem de uma escala de tempo muito grande para "receber" todo o dióxido de carbono recém-dissolvido na superfície das águas.

Portanto, atividades de cunho antropogênico têm influenciado este ciclo no sentido de aumentar a liberação de

CO_2 para atmosfera (através de utilização de combustíveis fósseis), bem como diminuição da capacidade de "captura" do carbono, com a ocorrência de altos índices de desmatamento. Desta forma, o sumidouro permanente (as águas profundas dos oceanos) não consegue absorver na velocidade necessária todo o dióxido de carbono liberado.

Alguns cientistas defendem a ideia de que cerca de 56% de todo CO_2 proveniente de emissões antropogênicas ocorridas nas últimas décadas, ainda se encontra livre na atmosfera, com potencial para contribuir no aumento do Efeito Estufa.

Estudos indicam que a atual concentração de CO_2 na atmosfera seria a mais alta em milhões de anos, e que continua crescendo de forma sem precedentes, alcançando a concentração de 420,99 ppmv (no mês de junho de 2022) conforme medições no Observatório Mauna Loa, sendo este valor cerca de 50% mais elevado do que as concentrações pré-industriais (1750-1800), quando a concentração se mantinha abaixo de 280 ppmv.

Esta tendência de aumento das concentrações atmosféricas é observada para os principais gases de Efeito Estufa (Figura 9.2), monitorados pela Administração Nacional Oceânica e Atmosférica (NOAA) dos Estados Unidos da América, com exceção aos CFC, que tiveram a sua produção descontinuada após o Protocolo de Montreal, sendo substituídos pelos HFC e HCFC, conforme já abordado.

Figura 9.2 Níveis anuais de gases de Efeito Estufa

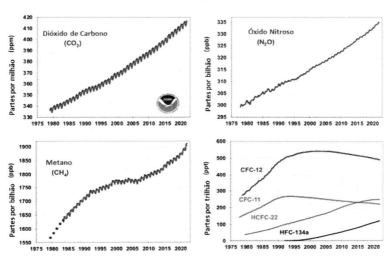

Fonte: Adaptado de NOAA (2022)

Atualmente é reconhecida a correlação existente entre as concentrações dos GEE e a temperatura média junto à superfície da Terra, visto que existem evidências de que o aumento das concentrações destes gases potencializa o Efeito Estufa, resultando um aumento no aprisionamento de calor, ao que se denominou "aquecimento global" e que tem trazido impactos em escala global, como já demonstrado por uma série de dados ambientais.

Os impactos do aquecimento global não se traduzem em modo simplista no aumento da temperatura atmosférica global e oceânicas, mas também nas diversas consequências deste aumento de temperatura. Cientistas do IPCC afirmam que há décadas o clima da Terra está mudando e o papel da influência humana no sistema climático é indiscutível, sobretudo em função das emissões de GEE, potencialização do Efeito Estufa e consequente aquecimento global, se traduzindo às Mudanças Climáticas.

9.2 CONSEQUÊNCIAS DO AQUECIMENTO GLOBAL E MUDANÇAS CLIMÁTICAS

O aumento das concentrações de GEE na atmosfera resulta em maior absorção de energia e acúmulo de calor, o que resulta em alterações no sistema climático. Segundo dados do IPCC, estima-se que as emissões de GEE oriundos das atividades humanas foram responsáveis por aumentar a temperatura média global em 1,1°C desde a segunda metade do século XIX, podendo chegar a 1,5°C nas próximas duas décadas, e que o aquecimento em até 2°C pode ser esperado ainda durante o século XXI, a menos que ações no sentido de diminuição das emissões de GEE sejam tomadas, conforme as metas do Acordo de Paris de 2015, e essa avaliação é baseada nos dados históricos sobre o aquecimento do Planeta e o conhecimento científico da resposta do sistema climático às emissões de origem antrópica.

Especialistas alertam que um aumento de 1,5°C de aquecimento global resultará em ocorrência de uma maior e mais frequentes eventos de ondas de calor e estabelecimento de estações quentes mais longas e estações mais frias mais curtas. E para um aquecimento de 2°C, os extremos de calor possuem uma maior probabilidade de atingir limites críticos de tolerância para a saúde, agricultura e meio ambiente.

Estudos indicam que os últimos 6 anos (2016-2021) foram os seis anos mais quentes já registrados. O Oceano Atlântico, particularmente em sua zona subtropical, está mais quente, o que alimenta e desencadeia um maior número de eventos extremos, como os furacões.

Ondas de calor também têm afetado o Oceano Pacífico, matando determinadas espécies marinhas mais sensíveis. Massas de águas quentes do Oceano Atlântico passaram a ser observadas adentrando o Oceano Ártico, resultando no degelo das calotas marinhas, e tanto o calor dos oceanos

EFEITO ESTUFA E MUDANÇAS CLIMÁTICAS

quanto o derretimento das camadas de gelo têm elevado o nível do mar em 4,8 mm ao ano, e em uma taxa crescente, e as consequências dessa elevação são as inundações e alagamentos e, no longo prazo, o risco de cidades litorâneas inteiras e ilhas desaparecerem.

Ainda no que diz respeito às alterações nos oceanos, quanto maior a concentração de CO_2 na atmosfera maior será a dissolução deste gás nos oceanos. Acontece que esse processo de dissolução se dá pela formação do ácido carbônico (H_2CO_3), que, ainda que sendo um ácido fraco, tem promovido um fenômeno de acidificação dos oceanos, afetando o ecossistema marinho em suas mais diversas espécies (algas, plânctons, moluscos e recifes de corais).

O aquecimento global tem como uma de suas consequências uma atmosfera com uma maior capacidade de conter maiores volumes de vapor d'água, e, assim como já indicado, a elevação das temperaturas atmosféricas e oceânicas leva ao aumento na frequência e intensidade de eventos extremos, tais como tempestades, inundações, ciclones, incêndios e secas. E até mesmo eventos climáticos naturais de aquecimento e resfriamento dos oceanos, o El Niño e a La Niña, têm sido impactados quanto as suas ocorrências e intensidades.

Considerando que o aquecimento global altera o ciclo hidrológico e consequentemente o regime das chuvas, determinadas áreas áridas poderão se tornar ainda mais secas e áreas úmidas podem passar por longos períodos de estiagem, o que pode afetar a disponibilidade hídrica de determinadas regiões, e em um país como o Brasil, em que a sua matriz energética é majoritariamente de origem hídrica, a indisponibilidade hídrica pode levar a uma crise energética.

Os estoques de água doce também podem ser afetados pela diminuição e derretimento das geleiras e cobertura de neve em locais como as Cordilheiras dos Andes e o Himalaia.

A biodiversidade de vários ecossistemas tem sido afetada tanto no sentido da diminuição desta, quando perturbações na distribuição, comportamento e reprodução de diversas espécies.

Estudos já indicam alterações no período de migração de determinadas espécies de pássaros, peixes e insetos, e de reprodução de determinados anfíbios, bem como alteração no período e floração e quantidade observada de flores e frutos de vegetais. Outros estudos indicam a diminuição da distribuição de recifes de corais e mangues, em contrapartida, um aumento na proliferação de microrganismos e vetores, tais como dengue ou malária, resultando em um problema de saúde pública para determinadas regiões.

Além da proliferação de vetores, o aquecimento global e as Mudanças Climáticas, devido aos seus impactos na maior frequência e intensidade dos eventos extremos, levam a efeitos nocivos à saúde humana, sobretudo no sistema cardiovascular e no trato respiratório. Os distúrbios climáticos favorecem o desenvolvimento de alergias, sinusites e rinites.

Estudos indicam que a elevação a temperaturas extremas pode favorecer os casos de desidratação, com a possibilidade de desenvolvimento de cálculos renais e outras associações. Ademais de condições fisiológicas serem impactadas pelas Mudanças Climáticas, também as condições psicológicas podem ser afetadas. Estudos recentes (2020) suportam a ideia de que as Mudanças Climáticas e poluição atmosférica associada possuem efeitos adversos à saúde mental, e que em determinadas comunidades afetadas por essas mudanças, tem-se observado um crescimento na taxa de desordem neuropsiquiátricas, depressão e riscos de suicídio.

Os efeitos das Mudanças Climáticas também podem ser observados na economia e infraestrutura urbana. Na medida em que há alterações na temperatura, determinadas culturas e zonas agrícolas podem passar a ser inviáveis em determinadas regiões e condições e, em contrapartida, outras regiões antes não propícias, podem passar a ter condições agrícolas, ainda que não permanentes. Cabe dizer, no entanto, que a migração de zonas agrícolas incorre em necessidades de adaptações e logística.

Do mesmo modo, a produtividade, em termos de quantidade e qualidade de culturas, pode ser diretamente impactada, tanto no sentido de aumento ou diminuição a depender das condições climáticas e espécies cultivadas. Novamente também neste âmbito, a proliferação e migração inesperadas de determinados insetos, podem acarretar grandes prejuízos à agricultura e economia.

Também os impactos à saúde resultam em maiores gastos e investimentos na saúde pública, tanto no sentido de prevenção e controle das enfermidades, quanto no tratamento das mesmas.

Outros impactos, no que diz respeito a danos e adaptações a infraestruturas urbanas podem acarretar gastos significativos aos governos. Devido às Mudanças Climáticas, observa-se com a maior frequência, conforme já mencionado, a ocorrência de eventos extremos, que por sua vez comprometem e causam danos à infraestrutura (linhas de energia, estradas, pontes, transporte e mobilidade urbana e edificações em um modo geral).

Finalmente, e não menos importante, as Mudanças Climáticas pelos seus mais diversos efeitos e consequências, têm efeitos sobre as questões de ordem social. Observamos que diferentes setores e serviços da sociedade são diretamente impactados pelas Mudanças Climáticas, tais como saúde pública, infraestrutura urbana, economia, agricultura, transporte, disponibilidade hídrica e de energia, em que toda a população, direta e/ou indiretamente, é afetada, no entanto, as consequências, mazelas e impactos das Mudanças Climáticas são ainda mais intensos em grupos sociais mais vulneráveis.

Em grupos sociais que vivem em áreas mais vulneráveis, em condições de pobreza ou com dificuldades sociais, os desafios de lidar e se adaptar às consequências das Mudanças Climáticas são ainda maiores, incorrendo em implicações de vulnerabilidade social, insegurança alimentar e fome, aumento da pobreza e desigualdade social.

9.3 AS MUDANÇAS CLIMÁTICAS COMO UMA QUESTÃO GLOBAL

Como já discutimos, os efeitos do aquecimento global e das Mudanças Climáticas em todo o planeta têm sido grandes motivos de preocupação da comunidade científica e governantes do mundo inteiro. A redução da emissão destes gases para o meio ambiente constitui-se em um desafio e em uma oportunidade de desenvolvimento tecnológico.

Alguns especialistas, inclusive os do IPCC, discutem e atestam a ideia de que a redução das taxas de emissões de CO_2 poderia, muito embora ainda não se tenha um consenso sobre a concentração mais apropriada deste, estabilizar os níveis deste gás na atmosfera e, consequentemente uma estabilização do clima.

No entanto, a tomada de ações e medidas não pode ser restrita a um país ou pequeno grupo de nações, caso contrário, os resultados não atingiriam os objetivos esperados, no entanto, as negociações entre as nações são de uma extrema complexidade já que a economia mundial está fortemente alicerçada no consumo de combustíveis fósseis. Para um grande número de países, o cumprimento dos acordos de redução de emissões envolve reduções mais ou menos

EFEITO ESTUFA E MUDANÇAS CLIMÁTICAS **185**

acentuadas de seus respectivos PIB, tornando muito complexa a aprovação interna de medidas que viabilizem a diminuição das emissões de GEE, seja a nível governamental ou da aceitação da própria população.

Neste sentido, as preocupações e discussões acerca dos efeitos da poluição atmosférica sobre o clima da Terra passaram a tomar maiores proporções no século XIX durante a criação da Organização Internacional de Meteorologia, em 1873. Já em 1950, esta Organização contava com 187 governos participantes, o que levou à criação da OMM (Organização Meteorológica Mundial).

Em 1972 se deu a criação do PNUMA (Programa das Nações Unidas sobre Meio Ambiente), na Conferência de Estocolmo, um marco nas Conferências sobre o meio ambiente, na Suécia. Nesta Conferência passou a ser reconhecido como um direito fundamental dos indivíduos, tanto para as gerações presentes quanto para as futuras, um meio ambiente equilibrado e sadio.

Em 1979, durante a Primeira Conferência Mundial sobre o Clima, as Mudanças Climáticas foram reconhecidas como um grave problema de interesse global, desta forma iniciou-se uma conscientização por parte de algumas nações de que as atividades antrópicas demonstram claro risco para a manutenção de um meio ambiente ecologicamente equilibrado. Assim, passou-se a debater as possibilidades e estratégias para enfrentar os problemas decorrentes destas atividades.

Em 1988, a questão das Mudanças Climáticas ganhou maior evidência com a criação do IPCC, autoridade científica internacional sobre o aquecimento global, que forneceu fundamentos teórico-científicos para a elaboração da Convenção-Quadro das Nações Unidas Sobre a Mudança do Clima.

As negociações para a criação de uma Convenção sobre Mudanças Climáticas se iniciaram em 1990, pela Assembleia

Geral da ONU em 1990, fundamentada pelos estudos realizados pelo IPCC. Contudo, tal acordo somente foi oficializado em 1992, na cidade do Rio de Janeiro, durante a Conferência das Nações Unidas Sobre Meio Ambiente e Desenvolvimento (CNUMAD), conhecida como ECO-92.

O acordo firmado entre os países signatários, tendo o Brasil como o primeiro, ficou conhecido como Convenção-Quadro das Nações Unidas sobre Mudanças Climáticas (CQNUMC), e nesta firmou-se que os seus países signatários devem reunir-se periodicamente em busca de soluções contra o aquecimento global e para as Mudanças Climáticas, através de ações mais enérgicas com a finalidade de mitigar os efeitos das ações antrópicas. Esta convenção recebeu até o ano de 2006, um total de 189 ratificações.

Tais reuniões periódicas foram realizadas anualmente e intituladas como Conferência das Partes Signatárias da Convenção-Quadro sobre Mudanças Climáticas (COP ou *Conference of Parts*), nestas foram estabelecidos fóruns de debates das questões climáticas que afetam o equilíbrio no planeta. Desde 1995 foram realizadas dezenas de reuniões anuais, em que a cada ano um país signatário recebe o encontro, desta forma, consegue-se ao máximo difundir os ideais das COP pelo mundo e envolver a sociedade do país signatário sede do encontro, além da tomada de importantes decisões tais como descritos no Quadro 9.2.

EFEITO ESTUFA E MUDANÇAS CLIMÁTICAS

Quadro 9.2 Síntese das Conferências das Partes (COP)

País	Cidade	Ano	Pontos de destaque
Alemanha	Berlim	1995	Estabelecido o "Mandato de Berlim" no qual todos os países têm de contribuir quanto à mitigação do Efeito Estufa, sendo os países desenvolvidos mais cobrados.
Suíça	Genebra	1996	Reconheceu-se o Segundo Relatório de Avaliação do IPCC (que apontava para os riscos do aumento de emissões de GEE) como a mais completa avaliação sobre mudança climática já feita.
Japão	Quioto	1997	Foram estabelecidas as metas de redução dos GEE para os países desenvolvidos (Países do Anexo I), no chamado Protocolo de Quioto.
Argentina	Buenos Aires	1998	Elaborado o Plano de Ação de Buenos Aires, com metas que consideraram financiamento, análise de impactos das Mudanças Climáticas e alternativas de compensação.
Alemanha	Bonn	1999	Foram abordadas questões relativas ao Uso da Terra e Florestas e capacitação dos países em desenvolvimento (Países não-Anexo I).
Holanda	Haia	2000	Divergências entre as Partes levaram a suspensão da Conferência, reconvocada para Bonn, na Alemanha.
Alemanha	Bonn	2001	Foram discutidos limites de emissão para países em desenvolvimento e apoio financeiro dos países desenvolvidos.
Marrocos	Marrakesh	2001	Limitou-se uso de créditos de carbono de projetos florestais do Mecanismo de Desenvolvimento Limpo e definiu mecanismos de flexibilização.
Índia	Nova Deli	2002	Foram estabelecidas metas para uso de fontes renováveis na matriz energética dos países e adesão de ONGs e da iniciativa privada ao Protocolo de Quioto. Questões sobre florestas foram debatidas.

Itália	Milão	2003	Foi definido como conduzir projetos florestais com a obtenção de créditos de carbono no âmbito do MDL – Mecanismo de Desenvolvimento Limpo.
Argentina	Buenos Aires	2004	O Protocolo de Quioto, ganhou a adesão da Rússia. Os inventários de emissão de gases do Efeito Estufa de alguns países foram divulgados dentre os quais, o do Brasil.
Canadá	Montreal	2005	Primeira após a entrada em vigor do Protocolo de Quioto, gerou discussões sobre o que deveria acontecer após a expiração do primeiro período do mesmo. Ocorreu, em paralelo, a 1ª Reunião das Partes do Protocolo de Quioto (MOP-1), que passou a acontecer sempre juntamente à COP.
Quênia	Nairóbi	2006	Foram estipuladas regras para o financiamento de projetos de adaptação para países em desenvolvimento e a revisão do Protocolo de Quioto. Brasil propôs mecanismo para redução de emissões de GEE oriundas do desmatamento em países em desenvolvimento.
Indonésia	Bali	2007	Por intermédio do "Plano de Bali" iniciaram-se negociações para o segundo período do Protocolo de Quioto. Pela primeira vez, incluiu-se a questão florestal na decisão final da COP, com compromissos sobre emissão de GEE oriundas do desmatamento.
Polônia	Póznan	2008	As Partes discutiram sobre a inclusão do desmatamento no regime do próximo período de compromisso do protocolo de Quioto e a transferência de tecnologia aos países em desenvolvimento. Brasil, China, Índia, México e África do Sul demonstraram abertura para assumir compromissos.
Dinamarca	Copenhague	2009	Novo posicionamento da política climática dos EUA. Brasil, Índia, África do Sul e China assumiram, pela primeira vez, metas públicas de redução, são os pontos mais positivos.

EFEITO ESTUFA E MUDANÇAS CLIMÁTICAS

México	Cancun	2010	Criou-se o Fundo Verde no âmbito da Convenção, e discutiu-se o patamar de elevação da temperatura global (mantido em 2°C).
África do Sul	Durban	2011	A 'Plataforma de Durban' representou o início de uma nova fase da política climática global com objetivo de manter o aumento da temperatura abaixo de 2°C. A cimeira em Durban reafirmou para 2013 o início do segundo período de compromissos do Protocolo de Quioto.
Catar	Doha	2012	Estabeleceu-se que o segundo período do Protocolo de Quioto se estenderia até o ano de 2020. Canadá, Japão e a Nova Zelândia, não ratificaram o Protocolo no novo período, assim como os EUA. Com a renovação do Protocolo, manteve-se a arrecadação para doação a países pobres combaterem as Mudanças Climáticas.
Polônia	Varsóvia	2013	Destacaram-se o regime de compensação econômica por perdas e danos (*loss & damage*), financiamento climático e pagamento por emissão reduzida a partir de esforço de combate ao desmatamento e à degradação florestal (REDD).
Peru	Lima	2014	Terminou com poucas contribuições efetivas para a elaboração do Acordo Climático Global. EUA, China e União Europeia, concordaram em reduzir emissões de GEE, mas os países desenvolvidos insistiram em deixar adaptação e financiamento dos países em desenvolvimento de fora das contribuições nacionais. O documento final "Chamado de Lima para a Ação Climática", serviu de base para um novo acordo global.

País	Cidade	Ano	Descrição
França	Paris	2015	Decidiu-se que o aumento na temperatura global deve ficar abaixo de 2°C, chegando perto de 1,5°C. O documento final, o "Acordo de Paris", determina que os países desenvolvidos deveriam investir 100 bilhões de dólares por ano em medidas de combate à mudança do clima e adaptação em países em desenvolvimento. Outra decisão importante diz respeito a emissão de GEE, que devem chegar a zero.
Marrocos	Marrakesh	2016	A COP22 focou a atenção na definição do chamado "livro de regras", que estabelece como se dá a implementação das obrigações assumidas em Paris, considerando, dentre outras, a mensuração das reduções de emissões de GEE e o desenvolvimento e transparência tecnológica.
Bonn	Alemanha	2017	A COP23 contou com tímida participação dos EUA, já que seu presidente, à época, não valorizava as questões ambientais. Não houve grandes avanços.
Katowice	Polônia	2018	Adotaram-se regras para se implementar o acordo de Paris. Todas as nações passariam a ter de detalhar seus planos para reduzir emissões de gases.
Madrid	Espanha	2019	Sob a presidência do Chile, a conferência realizada na Espanha atrasou tomadas de decisões importantes, como a regulação dos créditos de carbono, mas teve forte participação da sociedade civil.
Glasgow	Escócia	2021	O aceite por parte de EUA e China em trabalhar juntos, foi considerado um avanço, muito embora a questão do combate ao uso dos combustíveis fósseis tenha sido flexibilizada. Mais de 100 países aceitaram reduzir suas emissões de metano, e também foi assinado um acordo para zerar o desmatamento no mundo até 2030.

Fonte: Adaptado de MOREIRA JÚNIOR *et al.*, 2022.

Em âmbito Nacional, o Brasil através do Decreto Presidencial de 7 de julho de 1999, criou a Comissão Interministerial de Mudança Global do Clima (CIMGC), presidida pelo Ministério de Ciência e Tecnologia (MCT), para a articulação tanto das ações de governo por parte da CQNUMC quanto de seus instrumentos subsidiários, dos quais o Brasil faça parte.

Com a finalidade de contribuir para o controle sobre as emissões de GEE pelas atividades antrópicas, em função de suas competências relativas à visão do Brasil em longo prazo e também pelas negociações internacionais exercidas, membros de alguns ministérios foram designados integrantes da CIMGC.

Em 2007, com o objetivo de elaborar o Plano Nacional sobre Mudança do Clima, o Brasil através de Decreto Presidencial instituiu o Comitê Interministerial sobre Mudança do Clima (CIM).

A Política Nacional sobre Mudança no Clima (PNMC), contudo, somente foi instituída no dia 20 de dezembro de 2009, através da Lei Federal 12.187, tendo suas diretrizes baseadas primeiramente nos compromissos assumidos pelo Brasil na Convenção-Quadro das Nações Unidas sobre Mudança do Clima, no Protocolo de Quioto e nos demais documentos sobre mudança do clima dos quais vier a ser signatário.

Em novembro de 2021, o Senado aprovou o Projeto de Lei PL 6.539/2019, que altera a Lei nº 12.187, de 29 de dezembro de 2009, que institui a PNMC, de modo a atualizá-la ao contexto do Acordo de Paris e aos novos desafios relativos à mudança do clima.

Considerando a Política Nacional sobre Mudança do Clima e todos os seus princípios e implicações, outras esferas do governo público vêm criando suas particulares políticas de forma a prevenir e mitigar os efeitos e se adaptar às Mudanças Climáticas.

Tais medidas, associadas a tantas outras deixam a cada dia mais evidente que uma política sobre Mudanças Climáticas está diretamente relacionada com uma política de redução das emissões de GEE, trazendo assim para a sociedade um novo modelo de políticas e oportunidades sociais, tecnológicas e econômicas.

9.4 OPÇÕES PARA A MITIGAÇÃO DAS MUDANÇAS CLIMÁTICAS

Como já mencionado, entende-se a necessidade da estabilização e diminuição da concentração de gases do Efeito Estufa na atmosfera. Contudo, é possível compreender que esta estabilização somente irá ocorrer quando a quantidade em massa desses gases emitidos se aproximar da quantidade em massa retirada pelos sistemas naturais (vegetação, solo e oceanos).

Algumas tecnologias têm o potencial de reduzir as emissões de CO_2 e/ou reduzir suas concentrações na atmosfera. A escolha do uso dessas tecnologias depende de fatores como: custo, eficiência, impactos ambientais entre outros, e por isso, existem novas tecnologias em desenvolvimento e outras ainda sendo aperfeiçoadas ou adaptadas.

Reduções no consumo de combustíveis fósseis podem ser alcançadas pela otimização das conversões, transporte e destino energéticos. Tais ganhos em processos até ajudariam a retardar o crescimento futuro das emissões de GEE, porém, por si só, seriam insuficientes para reduzir ao necessário, os níveis de emissão.

De forma a atender o crescimento da demanda de energia elétrica sem que a oferta seja ampliada na mesma proporção através de ações que permitem realizar as atividades produtivas com a mesma quantidade de energia, aumentando a eficiência energética de lâmpadas, motores, eletrodomésticos e também reduzindo o consumo de prédios públicos e das residências.

A eficiência energética pode proporcionar a postergação ou ainda a evitar que novas usinas, linhas de transmissão e redes de distribuição sejam construídas para atender ao crescimento da demanda, evitando, assim, o lançamento de milhões de toneladas dos vários gases de Efeito Estufa na atmosfera.

A redução nas emissões de CO_2 de algumas fontes poderia ser obtida pela utilização de tecnologias de fontes de energia alternativas que já se encontram no mercado, tais como eólica, solar, biomassa, hídrica, geotérmica, força das marés e nuclear.

Existem diversas fontes de energias alternativas já em uso por todo o mundo, porém a escolha de uma destas fontes está condicionada a fatores de grande influência a serem considerados, como localização geográfica, custo e impactos ambientais.

Sumidouros naturais deste gás têm importância significativa na diminuição de sua concentração na atmosfera. Estes devem ser disseminadas para aumentar a captura do carbono atmosférico. Exemplos de sumidouros naturais que podem ser utilizados com esse propósito são os reflorestamentos, que obedecem ao ciclo biogeoquímico do carbono.

Disseminar sumidouros como o reflorestamento e agricultura, auxilia a capacidade de captura e estocagem do carbono, porém estas práticas estão limitadas por fatores como espaço físico utilizado, além de fatores sociais e ambientais. Grandes quantidades de CO_2 emitidas já foram capturadas e encontram-se estocadas biologicamente, porém este tipo de estocagem não é permanente.

Uma minimização nas emissões de CO_2 pode ser obtida pela separação deste dos demais gases industriais, com posterior utilização ou estocagem, usando-se tecnologia economicamente viável.

O processo de separação do dióxido de carbono dos demais gases não é somente atrativo pelo ponto de vista ecológico, mas também porque este gás tem excelentes aplicações que podem justificar o investimento para a sua obtenção, tais como na indústria de alimentos e de bebidas, na indústria química, em clínicas e hospitais e na recuperação avançada de poços maduros de petróleo.

A utilização do processo de captura e estocagem de CO_2 foi apontada como mais apropriada para fontes de emissão de grande porte – tais como estações termoelétricas, refinarias, indústria de amônia, siderurgias de ferro e aço – do que para pequenas fontes de emissão dispersas. O potencial de contribuição dessa metodologia está condicionado a fatores, tais como custo relativo, tempo de estocagem, meios de transporte, locais de estocagem, impactos ambientais, e da adaptabilidade às tecnologias.

A captura de CO_2 tipicamente se dá pela separação deste de uma mistura gasosa. Algumas técnicas foram desenvolvidas há décadas e envolviam o tratamento desta mistura gasosa com um solvente químico. Subsequentemente, estas técnicas foram adaptadas para propósitos específicos.

A captura e o armazenamento de CO_2 envolvem três etapas distintas:

- Captura do CO_2 – captura-se o CO_2 de correntes gasosas emitidas durante diversos processos energéticos e industriais;
- Transporte do CO_2 – transporta-se o CO_2 capturado através de tubovias, carbodutos, navios ou tanques,

até o local de destino, fator este que depende da tecnologia utilizada na captura;

- Armazenamento do CO_2 – armazena-se o gás em aquíferos profundos de águas salinas, jazidas esgotadas de petróleo e gás, por exemplo, ou simplesmente destina-se o CO_2 capturado para um processo no qual a sua utilização seja viável.

O conceito de captura de CO_2 é também amplamente empregado no processamento de gás natural e em usinas elétricas. E desde o final da década de 70, o CO_2 pode ser capturado para aumentar a recuperação de óleo de poços de petróleo e ainda em indústrias químicas e alimentícias.

Já o termo "sequestro de carbono" também é muito utilizado, assim como a captura de carbono, e também significa a remoção de CO_2 de correntes de descargas industriais para armazená-lo durante longo período.

Existem três maneiras principais de capturar CO_2 gerado a partir de combustíveis fósseis primários (carvão, gás natural ou óleo), biomassa ou uma mistura destes combustíveis:

- *Pós-combustão*: este sistema separa o CO_2 dos gases produzidos pela queima de um combustível primário com ar, utilizando normalmente um solvente líquido para capturar o CO_2 em baixas concentrações (tipicamente 3% a 15% em volume) presente em uma corrente gasosa, na qual o principal constituinte é o nitrogênio do ar. O CO_2 pode ser capturado por uma variedade de técnicas, tais como absorção por aminas (MEA), separação por membranas, ou ainda separação criogênica.

- *Pré-Combustão*: este sistema processa um combustível primário em um reator, juntamente com vapor e ar ou oxigênio, para produzir uma mistura contendo principalmente, monóxido de carbono e hidrogênio. Uma quantidade adicional de hidrogênio, juntamente com CO_2, é produzida pela reação do monóxido de carbono com vapor d'água em um segundo reator (reformador). O hidrogênio e CO_2 resultantes podem ser separados em duas correntes, antes da combustão, uma de CO_2 e outra de hidrogênio. Enquanto o CO_2 pode ser estocado, o hidrogênio pode ser usado em um processo de combustão para gerar energia e/ou calor. Os passos iniciais deste processo podem ser considerados mais complicados e mais caros do que no processo de pós-combustão, contudo, existe uma alta concentração de CO_2 produzida no reformador (tipicamente de 15% a 60% em volume) e a alta pressão encontrada nestas aplicações é muito favorável à separação do CO_2.

- *Combustão rica em oxigênio*: este sistema utiliza oxigênio com uma pureza de 95-99%, em vez de ar comum para realizar a queima do combustível primário e produzir um gás contendo principalmente vapor d'água e CO_2. Isto resulta em um gás com alta concentração de CO_2 (maior do que 80% em volume). O vapor d'água é removido por resfriamento e compressão da corrente gasosa. Isso requer a separação do oxigênio do ar, para a obtenção do alto teor de pureza, e, além disso, é necessário remover os gases poluentes da corrente gasosa, quando estes estejam presentes, antes de enviar o CO_2 para o local de armazenamento.

Os métodos que podem ser utilizados para a captura de CO_2 já possuem amplas aplicações industriais. Por exemplo, a captura por pré-combustão é utilizada para a produção de hidrogênio que posteriormente pode ser empregado para a obtenção de fertilizantes e amônia. Outras tecnologias baseadas no processo de pós-combustão são utilizadas para a separação do CO_2, a partir de gás natural bruto.

As tecnologias dos processos de pós-combustão e pré-combustão já são economicamente viáveis em certas condições, apresentando algumas vantagens e desvantagens uma em relação a outra. Por isso, a escolha de um desses processos está condicionada ao tipo de planta, e adequação à tecnologia.

A seleção da melhor tecnologia para a captura de CO_2 depende de fatores, como a pressão parcial do CO_2 na corrente gasosa, a quantidade de CO_2 desejada no processo de recuperação, a pureza do produto obtido que é afetada por impurezas como gases ácidos e materiais particulados, os custos de capital e de operação do processo.

Como apresentado e discutido nesse capítulo, o aquecimento global e as Mudanças Climáticas têm sido grandes motivos de preocupação da comunidade científica e governante do mundo inteiro. E apesar de a redução da emissão de GEE para o meio ambiente se constituir em um dos maiores desafios da atualidade, também pode ser encarado como uma oportunidade de desenvolvimento e avanço tecnológico, além de permitir uma maior evolução da humanidade em termos de consciência socioambiental, com a implementação de políticas e estabelecimento de acordos e cooperação entre nações de todo o planeta.

REFERÊNCIAS BIBLIOGRÁFICAS DESTE CAPÍTULO

ATKINS, P. W.; PAULA, J. Físico-química. 8ª edição. São Paulo: LTC, v. 609, 2008.

BAIRD, C. Química Ambiental/ Colin Baird; trad. Maria Angeles Lobo Recio e Luiz Carlos Marques Carrera – 2ª ed. – Porto Alegre: Bookman, 2002.

BAIRD, C.; CANN, M. Química Ambiental. 4th Edition, Bookman, Porto Alegre, 2011.

GATTI, L. V. et al. Amazonia as a carbon source linked to deforestation and climate change. Nature, v. 595, n. 7.867, p. 388-393, 2021.

IPCC – Intergovernmental Panel on Climate Change; Climate Change 2001: Synthesis Report – A contribution of working groups I, II, and III to the Third Assessment Report of the Intergovernmental Panel on Climate Change, Cambridge University Press: Cambridge, 2001.

IPCC – Intergovernmental Panel on Climate Change Special Report. Carbon Dioxide Capture and Storage: Summary for Policymakers and Technical Summary. 2005.

de MIRANDA, J. L.; DE MOURA, L. C.; FERREIRA, H. B. P.; DE ABREU, T. P. The Anthropocene and CO_2: Processes of Capture and Conversion. Revista Virtual de Química, v. 10, n. 6, p. 1915-1946, 2018.

MOREIRA JUNIOR, D. P.; SILVA, C. M.; BUENO, C.; CORREA, S. M.; ARBILLA, G. Determinação de Gases do Efeito Estufa em Cinco Capitais de Diferentes Biomas Brasileiros. Revista Virtual de Química, v. 9, p. 2032-2051, 2017.

MOREIRA JUNIOR, D. P.; BUENO, C.; DA SILVA, C. M. A utilização de mídias como recurso didático para a abordagem e contextualização das Mudanças Climáticas na Educação Ambiental. Revista Brasileira de Educação Ambiental (RevBEA), v. 17, n. 2, p. 169-183, 2022.

NOAA, National Oceanic and Atmospheric Administration. 2022.

NOAA's Annual Greenhouse Gas Index. Disponível em: https://gml.noaa.gov/aggi/

da SILVA, C. M.; da SILVA, L. L.; de C. E. S., T.; DANTAS, T. C.; CORRÊA, S. M.; ARBILLA., G. Main Greenhouse Gases levels in the largest secondary urban forest in the world. *Atmospheric Pollution Research*, v. 10, p. 564-570, 2018.

da SILVA, C. M. *Abordagem e Contextualização da Captura de CO$_2$ na Educação de Química para o Ensino Médio*, 2008. Monografia de Química. Universidade Federal do Rio de Janeiro.

da SILVA, C. M.; CORRÊA, S. M.; ARBILLA, G. Determination of CO$_2$, CH$_4$ and N$_2$O: a Case Study for the City of Rio de Janeiro Using a New Sampling Method. *Journal of the Brazilian Chemical Society*, v. 27, p. 778-786, 2015.

SOUZA JUNIOR, E.; ROSA, K. K.; SIMÕES, J. C. Consequências das rápidas mudanças ambientais no Ártico. *Revista Brasileira de Geografia Física*, v. 9, p. 1.137-1.156, 2016. Disponível em: https://periodicos.ufpe.br/revistas/rbgfe/article/view/233771/27317

US EPA. United States Environmental Protection Agency. Overview of Greenhouse Gases. Disponível em: https://www.epa.gov/ghgemissions/overview-greenhouse-gases.

VIEIRA, S. S.; SIMÕES, A. L. A.; RODRIGUES, J. S.; ARAÚJO, M. H. A Química Envolvida na Conversão do CO$_2$: Desafios e Oportunidades: A Química Envolvida na Conversão do CO2: Desafios e Oportunidades. *Revista Virtual de Química*, v. 14, n. 3, 2022.

VOOSEN, Paul. *Global temperatures in 2020 tied record highs*. Science, 14 de Janeiro de 2021. Disponível em: https://www.science.org/content/article/global-temperatures-2020-tied-record-highs.

ZHONGMING, Zhu et al. Climate Change 2022: Impacts, Adaptation and Vulnerability-Summary for Policymakers. IPCC Sixth Assessment Report. Disponível em: https://www.ipcc.ch/report/ar6/wg2/.